Robert Droulans

L'émission haute énergie des binaires X

Robert Droulans

L'émission haute énergie des binaires X

Etude spectrale et temporelle des données SPI/INTEGRAL

Presses Académiques Francophones

Impressum / Mentions légales
Bibliografische Information der Deutschen Nationalbibliothek: Die Deutsche Nationalbibliothek verzeichnet diese Publikation in der Deutschen Nationalbibliografie; detaillierte bibliografische Daten sind im Internet über http://dnb.d-nb.de abrufbar.
Alle in diesem Buch genannten Marken und Produktnamen unterliegen warenzeichen-, marken- oder patentrechtlichem Schutz bzw. sind Warenzeichen oder eingetragene Warenzeichen der jeweiligen Inhaber. Die Wiedergabe von Marken, Produktnamen, Gebrauchsnamen, Handelsnamen, Warenbezeichnungen u.s.w. in diesem Werk berechtigt auch ohne besondere Kennzeichnung nicht zu der Annahme, dass solche Namen im Sinne der Warenzeichen- und Markenschutzgesetzgebung als frei zu betrachten wären und daher von jedermann benutzt werden dürften.

Information bibliographique publiée par la Deutsche Nationalbibliothek: La Deutsche Nationalbibliothek inscrit cette publication à la Deutsche Nationalbibliografie; des données bibliographiques détaillées sont disponibles sur internet à l'adresse http://dnb.d-nb.de.
Toutes marques et noms de produits mentionnés dans ce livre demeurent sous la protection des marques, des marques déposées et des brevets, et sont des marques ou des marques déposées de leurs détenteurs respectifs. L'utilisation des marques, noms de produits, noms communs, noms commerciaux, descriptions de produits, etc, même sans qu'ils soient mentionnés de façon particulière dans ce livre ne signifie en aucune façon que ces noms peuvent être utilisés sans restriction à l'égard de la législation pour la protection des marques et des marques déposées et pourraient donc être utilisés par quiconque.

Coverbild / Photo de couverture: www.ingimage.com

Verlag / Editeur:
Presses Académiques Francophones
ist ein Imprint der / est une marque déposée de
OmniScriptum GmbH & Co. KG
Heinrich-Böcking-Str. 6-8, 66121 Saarbrücken, Deutschland / Allemagne
Email: info@presses-academiques.com

Herstellung: siehe letzte Seite /
Impression: voir la dernière page
ISBN: 978-3-8381-4419-1

Zugl. / Agréé par: Toulouse, Université Paul Sabatier, 2011

Préface

Ce livre représente une adaptation d'un manuscrit de thèse de doctorat. De fait, il ne s'agit pas d'un ouvrage de vulgarisation, mais bel et bien d'un ouvrage à vocation scientifique. Néanmoins, certaines modifications ont été apportées, qui font que ce livre se laissera apprécier par quiconque désireux d'approfondir ses connaissances sur l'astronomie X/γ ainsi que sur les binaires X, une classe de sources tant mystérieuses que fascinantes.

La thèse en question a été soutenue le 28 janvier 2011 à L'IRAP (*Institut de Recherche en Astrophysique et Planétologie*) à Toulouse.

Robert Droulans

Préface

Table des matières

Remerciements

Ah les remerciements ! Bien étant témoin de l'aboutissement du premier projet de recherche, et donc d'un certain sentiment d'accomplissement, leur rédaction représente avant tout un moment de nostalgie. En effet, ce moment marque la fin d'un chapitre, pour le moins plaisant, qui laissera derrière lui des souvenirs pour la vie. A presque 30 ans, la situation est cependant sans appel : exit la vie étudiante, en route pour les aventures de la vie professionnelle.

La première personne qui trouve sa place ici, c'est évidemment Elisabeth Jourdain, ma chère directrice de thèse, sans qui ce travail n'aurait jamais vu le jour. Elle m'a tout appris, autant sur le traitement de données que sur leur interprétation physique, faisant preuve d'une disponibilité et d'une patience exemplaire. Merci beaucoup Elisabeth pour la qualité de ton encadrement, ta gentillesse ainsi que pour le climat de travail idéal dont j'ai bénéficié tout au long de ma thèse.

Ensuite un grand merci aux "Boss", Julien Malzac et Renaud Belmont, qui m'ont fait bénéficier de leur expertise en matière de modélisation numérique et dont les avis critiques ont contribué à développer mon goût pour la rigueur scientifique. J'ai particulièrement apprécié le côté chaleureux et amical des nombreux échanges que nous avons pu avoir dans des contextes aussi bien scientifiques que non-scientifiques. Merci les gars !

Merci aussi à Jean-Pierre Roques, Co-PI de SPI, l'instrument qui m'a permis d'obtenir les résultats présentés dans ce recueil. Sa profonde connaissance de l'instrument m'a été utile dans maintes situations et je garde un excellent souvenir des discussions franches que nous avons pu avoir sur des sujets aussi intéressants que variés. Merci chef !

Je tiens également à remercier Pierre Jean et Jürgen Knödlseder pour le soutien qu'ils m'ont témoigné tout au long de mes cinq ans passés au CESR (qui désormais fait partie de l'IRAP). Dans son rôle de tuteur de monitorat, Pierre a fait preuve d'une grande disponibilité et a toujours été à l'écoute ; plus encore, ses qualités d'enseignant-chercheur ont joué un rôle déterminant dans ma décision de vouloir faire de la recherche. Quant à Jürgen, mon ancien maître de stage et chercheur hors pair, je le remercie pour avoir toujours cru en moi, ce qui a aiguisé ma motivation pour entamer ce travail de recherche.

Un merci à l'équipe d'INTEGRAL, Clément, Laurent, Elise et Nathalie mais aussi à Martin et Max pour avoir toujours eu la réponse aux petites questions qui m'empêchaient d'avancer par endroits.

Je remercie l'ensemble du jury pour l'attention portée à mon travail et pour avoir été présent le jour de ma soutenance. Je me tourne d'abord vers Angela Bazzano et Philippe Laurent, que je remercie d'avoir accepté la tâche parfois ingrate du rapporteur. Ensuite, je remercie les professeurs Jörn Wilms et Gilles Henri pour avoir exercé leur rôle d'examinateur avec rigueur et enthousiasme. Enfin, un grand merci à Alain Blanchard pour avoir présidé mon jury, tâche qu'il sut accomplir avec excellence.

Un mot aussi pour mes mentors en matière d'enseignement, Gabriel Fruit, Hervé Hoyet, Thierry Caligari, Michel Nègre, Jesse Groenen et Marc Miscevic, qui chacun m'ont témoigné la confiance et le soutien nécessaire pour réussir mes premiers pas de l'autre côté de la barrière. Merci beaucoup !

Et les copains... ah, la vie serait bien triste sans les copains. D'abord les amis de la fac de math de Strasbourg, Joachim (aka Joa le Pilote), Marc (aka El Pistolero), Julien (aka le DJ Blubob), Pit (aka Teupi l'Australien) et surtout Etienne (aka le barbu ou mister Aexxa), avec qui j'ai découvert mon talent pour l'algèbre autour d'un feu de bois dans les montagnes hivernales du Tessin.

Changement de ville oblige, j'ai croisé d'autres compagnons, dont beaucoup sont devenus des amis. Une pensée à Hans (le Bouchon, mon premier pote toulousain) et Maritie, puis surtout à la glorieuse bande présidentielle du M1 Astro, featuring Olivier (aka Miguel le Compact), Romain (aka le Crottiou), Julien (aka El Grande) et les deux Mathieu (aka Mat et Scritch). Merci les gars, c'était énorme, et vive la macédoine du président !

Outre pour son excellence scientifique et technique, le CESR a toujours été connu (et reconnu) pour l'ambiance chaleureuse et le fort esprit de groupe régnant parmi les doctorants et autres jeunes du labo. Aux aspirants de ma promotion (représentant de fait la dernière génération de docteurs du CESR), cet héritage fut transmis par les vieux, à savoir Christophe, Natacha, Gilles, Nicolas, Olivier, Denis, Pierrick, Patricia et Mathieu. Merci à vous tous pour l'accueil fort sympathique qui nous fut réservé !

Les pauses midi à la cantine, autour d'un bon repas, resteront à coup sûr inoubliables, tant les discussions furent intéressantes et animées. Plus tard dans la journée, les pauses café au bureau, ont non seulement été source de décontraction mais souvent aussi d'inspiration, tout comme les nombreuses activités sportives pratiquées avec le fameux team CESR. Se rajoutent les week-ends entre doctorants (au Pic du midi, dans les gorges du Tarn ou à la mer) tout comme les interminables soirées toulousaines, emplies de musique, entre la rue de l'industrie, la rue de la chaîne ou encore le boulevard Lascrosses. Pour tout cela, et bien plus encore, un grand merci à Max (aka Riri CRX, mon irremplaçable collègue du fameux bureau 152), Gael (aka le Marathonien du Cosmos), Martin (aka Jan le marin), Renaud (aka Rino le dragueur caféiné), Julien (aka Pitichou), Elise (aka la Petite), FX (aka Jaja le rider de l'extrême), Donatien (aka El Dodos), Nico (aka le Boss de la NASA), Damien (aka Téfécé), Nathalie (aka Nath de Mars), Ayoub (aka le Danseur au sang chaud), Baptiste (aka le Flutio funky), Paolo (aka le Mollet du labo), Patricia (aka Patou) et Yann (aka le Taliban).

Un clin d'œil aussi à Rim, Francesca, Richie, Thomas, Nadège, Bernard, Denis, Benoît, Laurianne, Julien, Aurélia, Mauro, Joseph, Florian, Audrey, Khalil et Bénédicte pour avoir enrichi la vie du labo, tout comme aux petits jeunes Romain, Antho et Tristan grâce à qui les traditions c.e.s.r.iennes seront, nul doute là-dessus, perpétuées au sein de l'IRAP.

Enfin, une pensée tendre pour Leonie, dont l'amour, la patience et les encouragements ont été fort bénéfiques à la rédaction de cet ouvrage, tout comme à toute chose que j'ai pu entreprendre au cours des cinq dernières années. Merci pour tout !

Pour terminer, je remercie ma famille pour m'avoir toujours pleinement soutenue dans mes choix et mes envies. Merci à vous, parents et grands-parents, pour l'éducation et les encouragements que vous m'avez donnés depuis tout petit... et pour tout le reste, ce reste ou ce tout, si important, qui est pourtant si difficile à définir. En définitive c'est à ma famille que je dédie ce manuscrit.

Remerciements

Introduction

Les binaires X sont des laboratoires cosmiques d'une importance considérable. Composés d'un objet compact (trou noir ou étoile à neutrons) et d'une étoile secondaire, leur étude permet non seulement de mieux comprendre les objets eux-mêmes, mais elle recèle des informations d'intérêt plus large. En effet, les émissions radiatives en provenance des régions proches de l'objet compact peuvent nous renseigner sur la courbure de l'espace-temps et permettent ainsi de tester les théories de la gravitation. D'autre part, l'*accrétion* (i.e. le transfert de matière vers un objet compact) est un phénomène fondamental qui se produit dans divers systèmes astrophysiques. Les noyaux actifs de galaxies, par exemple, sont alimentés par accrétion du gaz inter-stellaire de la galaxie hôte. La compréhension physique de ce mécanisme, plus accessible dans les binaires X car les sources sont plus proches, contribue ainsi à améliorer nos connaissances sur la physique des galaxies.

L'émission radiative des objets compacts est principalement étudiée en rayons X, c'est à dire dans la bande 1 – 20 keV. Véhiculant la majeure partie de leur luminosité, cette bande en énergie a permis des avancées importantes dans la compréhension des systèmes accrétants, notamment grâce aux performances remarquables des télescopes X de dernière génération (RXTE, XMM-Newton et Chandra). Moins facile, la mesure précise des radiations à plus haute énergie (X-dur/γ-mou) est cependant tout aussi essentielle pour comprendre les mécanismes de production et de transfert de rayonnement qui gouvernent les flots d'accrétion. En particulier, l'évolution des propriétés spectro-temporelles du rayonnement au-delà de 200 keV apporte des contraintes inédites aux modèles d'émission théoriques.

Le rayonnement X/γ d'un objet compact dans un système binaire est globalement décrit en termes de deux composantes. La première, de nature thermique, traduit la présence d'un disque d'accrétion alors que la deuxième, à plus haute énergie (> 20 keV), est généralement associée à des *diffusions Compton inverses* entre électrons chauds et photons de plus basse énergie. Cependant, malgré de multiples tentatives, l'origine physique de cette deuxième composante n'est toujours pas clairement identifiée. Dans les années 90, les observations de SIGMA, OSSE et COMPTEL ont révélé que quelques sources semblent exhiber une troisième composante, au-delà de la première Comptonisation thermique. Celle-ci demeure aujourd'hui très peu explorée car les observations à ces énergies (> 200 keV) sont rares et présentent un faible rapport signal sur bruit.

Pour approfondir notre compréhension des processus physiques qui se déroulent au centre du flot d'accrétion, nous disposons maintenant d'une quantité importante de données (plus de 7 ans de service) issues de l'instrument SPI, un spectromètre haute énergie (20 keV – 8 MeV) développé au CESR pour la mission INTEGRAL de l'ESA. Au-dessus de 150 keV, SPI réunit une résolution spectrale et une sensibilité inégalée à ce jour, ce qui en fait un outil de premier choix pour étudier l'importance, la variabilité et les corrélations avec d'autres observables de cette éventuelle troisième composante d'émission. A ces énergies, le flux des sources considérées est faible tandis que le bruit de fond instrumental est important et complexe ; une telle étude exige donc un traitement méticuleux des données. De plus, le système d'imagerie du télescope impose la *déconvolution* des mesures enregistrées, ce qui rajoute à la complexité du processus.

Dans cette thèse, nous nous sommes concentrés sur l'étude de trois sources particulières. Pour chacune d'entre elles, nous avons tiré profit des données SPI pour obtenir une vision aussi précise que possible du comportement haute énergie. Les deux premières font partie de la classe des *microquasars*, i.e. des systèmes à trou noir caractérisés par l'émission de jets radio. Certaines sources de cette classe ont exhibé un excès par rapport aux modèles de Comptonisation thermique, suggérant la présence de particules non-thermiques à proximité de l'objet compact. La troisième source, en revanche, fait partie de la classe des étoiles à neutrons accrétantes. L'émission haute énergie de ces dernières est plus difficile à mesurer puisque les spectres sont généralement plus mous que ceux des trous noirs. De fait, la présence d'une composante non-thermique dans ces systèmes n'a jamais été mise en évidence avant INTEGRAL.

Dans la première partie de ce livre, le lecteur est introduit au contexte de notre étude. Nous passons en revue les propriétés générales des binaires X, donnons quelques précisions sur les processus d'émission haute énergie et dressons un état des lieux de l'astronomie X-dur/γ-mou. Ensuite, nous présentons la mission INTEGRAL en portant notre attention sur l'instrument SPI et les méthodes de traitement de données qui ont été utilisées pour cette étude. Dans la deuxième partie du livre, nous exposons les résultats de ces trois ans de travail. Pour chacune des trois sources étudiées, ces derniers sont d'abord présentés et discutés individuellement puis synthétisés dans le Chapitre 8. Finalement, nous présentons nos conclusions avant de clore l'ouvrage par un aperçu des perspectives du travail accompli.

Partie I – Contexte

1. Les binaires X

Ce chapitre a pour objectif de résumer les grandes lignes de nos connaissances sur les binaires X. La première partie évoque la découverte de ces systèmes particuliers ainsi que leurs propriétés principales. La deuxième partie est consacrée au phénomène d'accrétion, mécanisme physique responsable de leur rayonnement X et γ. La troisième partie, un peu plus technique, introduit le concept de disque d'accrétion, élément central dans la production du rayonnement. Enfin, la dernière partie abordera de manière succincte les phénomènes d'éjection de matière, intimement liés à l'accrétion.

1.1 Les deux complices

Les binaires X, par définition, sont des systèmes binaires Galactiques qui émettent du rayonnement X. Ils sont formés d'un objet compact de type trou noir ou étoile à neutrons et d'une étoile compagnon de la séquence principale. Comme nous allons le voir dans cette partie, ces deux astres sont complices et œuvrent main dans la main pour produire des radiations très énergétiques. En effet, le fort potentiel gravitationnel de l'objet compact induit un transfert de matière depuis l'étoile compagnon vers ce dernier, phénomène qu'on appelle *accrétion*. Lors de ce phénomène, les particules tombent en spiralant autour de la masse centrale, formant ainsi un disque de matière centré sur l'objet compact. De grandes quantités d'énergie potentielle gravitationnelle sont alors dissipées dans ce flot d'accrétion, produisant ainsi le rayonnement observé.

1.1.1 Un peu d'histoire

L'étude des binaires X est fortement liée au développement de l'astronomie X.

En effet, contrairement aux étoiles classiques, ces sources émettent la majeure partie de leur rayonnement au-delà de l'ultra-violet, ce qui a nécessité de nouvelles techniques observationnelles (détecteurs appropriés, observatoires spatiaux pour s'affranchir de l'absorption atmosphérique) pour les étudier. Au début des années 60, lors des toutes premières observations du ciel en rayons X à l'aide de ballons stratosphériques, Giacconi et al. (1962) rapportent la découverte de la source Galactique Sco-X1 qui, 5 ans plus tard, fût identifiée comme étant une binaire X abritant une étoile à neutrons (Shklovsky, 1967).

Uhuru, le premier satellite dédié à l'astronomie X lancé en 1970 (Giacconi et al., 1971), a ensuite permis de faire des avancées considérables. Il a notamment permis de mettre en évidence que les binaires X présentent une luminosité colossale (typiquement $L \sim 10^{37}$ erg·s^{-1} = 10^4 $L_\odot$) et que le flux observé peut varier sur des échelles de temps inférieures à la seconde. Les mécanismes physiques responsables d'un tel rayonnement sont donc nécessairement très énergétiques mais doivent se produire dans des régions de petite taille, bien plus petite que la taille typique d'une étoile.

Figure 1.1 – Vue d'artiste de Cygnus X–1, un système HMXB qui abrite le premier trou noir à avoir été mis en évidence.

A cette même époque, une source X de la constellation du Cygne (Cygnus X-1), découverte en 1964 (Bowyer et al., 1965), a suscité beaucoup d'intérêt parmi les astrophysiciens. Des observations optiques (Kristian et al., 1971) et radio (Braes & Miley, 1971; Hjellming & Wade, 1971) avaient associé cette source X à une étoile supergéante de type OB, qui ne pouvait être responsable de l'émission X observée. En 1971, Uhuru a pu mesurer les paramètres orbitaux du système avec précision. Ces derniers ont révélé que la masse de l'étoile invisible[1] devait largement dépasser les 3 $M_\odot$, ce qui a amené deux équipes indépendantes à annoncer la découverte observationnelle du premier trou noir (Webster & Murdin, 1972; Bolton, 1972) (cf. Figure 1.1 pour une vue d'artiste).

1.1.2 Les objets compacts

Au cours des années 70, de plus en plus d'observations sont venues confirmer l'existence des objets compacts, prédite auparavant par les théoriciens (Baade & Zwicky, 1934; Oppenheimer & Volkoff, 1939; Ruffini & Wheeler, 1971; Giacconi et al., 1971; Shipman, 1975). Par définition, la masse volumique de ces objets provoque une gravité tellement forte que dans leur voisinage, le temps et l'espace ne peuvent plus être décrits par la physique newtonienne ; ils constituent donc des laboratoires naturels pour appréhender et étudier la physique relativiste. De manière générique, les objets compacts de taille stellaire représentent le stade ultime de la vie des étoiles classiques. Selon leur masse initiale, les étoiles peuvent engendrer trois types de résidus, à savoir les *naines blanches*, les *étoiles à neutrons* et les *trous noirs*. Les moins compactes parmi eux, les naines blanches, ne seront pas abordées ici, car les binaires à naine blanche, aussi appelées variables cataclysmiques, sont une classe de sources à part entière dont les propriétés sont différentes de celles des binaires X. Dans la suite, on distinguera donc seulement parmi deux types d'objets compacts : les étoiles à neutrons et les trous noirs.

Lorsque l'accrétion se produit sur une étoile à neutrons, la matière accrétée s'accumule à la surface de l'étoile. Ceci peut alors produire des chocs et/ou des explosions thermonucléaires qui génèrent une composante d'émission supplémentaire, visible dans la courbe de lumière et dans le spectre. Certaines étoiles à neutrons, appelées *pulsars*, émettent par ailleurs un faisceau de rayons

---

[1] au sens littéral, cet objet n'émet pas de lumière dans le visible.

énergétiques extrêmement collimaté, en précession autour de l'axe de rotation de l'étoile. Cette émission pulsée est très stable et permet la détermination d'un certain nombre de paramètres physiques du système, tels la période des pulses (P), la variation de la période $(\dot{P})$ ou encore l'intensité du champ magnétique (B).

Les systèmes à trou noir, qui font l'objet principal de cette thèse, demeurent encore plus mystérieux. Mathématiquement équivalents à une singularité de l'espace-temps, ils sont physiquement représentés par leur horizon qui correspond à la distance critique de la singularité en-deçà de laquelle rien ne peut s'échapper de l'attraction du trou noir, ni même les photons. Pour des trous noirs dépourvus de spin, le rayon où se situe l'horizon est appelé rayon de Schwarzschild et s'écrit :

$$R_G = 2GM/c^2 \tag{1.1}$$

avec $G = 6{,}67 \times 10^{-11}$ la constante gravitationnelle, $c = 3{,}0 \times 10^8$ m·s^{-1} la vitesse de la lumière dans le vide et M la masse du trou noir en kg.

En principe, la matière et l'énergie que les trous noirs accrètent peuvent donc disparaître de l'autre côté de l'horizon sans aucune émission. Cependant, le moment angulaire de cette matière l'oblige à former un disque d'accrétion, qui, par dissipation radiative de l'énergie accumulée, trahit la présence de l'ogre. Avec des masses pouvant largement dépasser les 10 $M_\odot$, les trous noirs déforment l'espace-temps de telle sorte que les effets relativistes peuvent devenir primordiaux. Ainsi, la présence d'une dernière orbite stable, prédite par la relativité générale, peut avoir une influence déterminante sur les propriétés du flot d'accrétion au voisinage d'un trou noir (cf. Section 2.2.1).

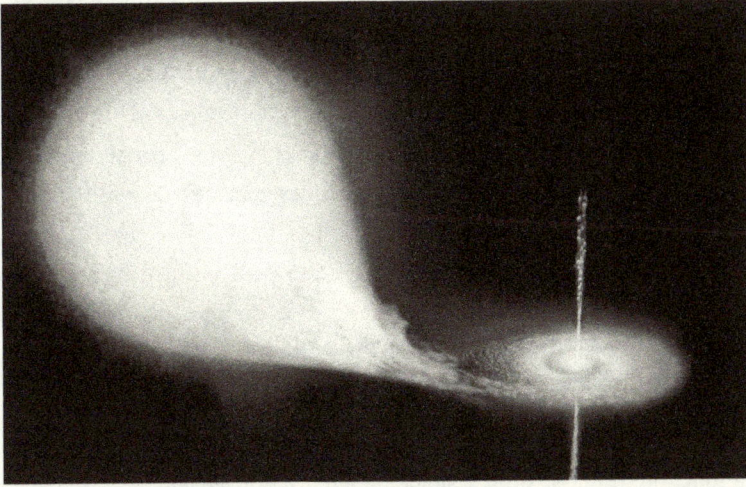

Figure 1.2 – Vue d'artiste d'un système LMXB. Les sources GRS 1915+105 et GX 339–4 étudiées aux Chapitres 5 et 6 font partie de cette classe d'objets.

1.1.3 Les étoiles compagnon

Complices dans la production des radiations énergétiques, le rôle des étoiles compagnon (aussi appelées étoiles secondaires ou donneurs) est évidemment de fournir la matière à l'objet compact. Ce rôle est primordial car les propriétés du donneur déterminent l'alimentation du disque d'accrétion et influencent donc l'émission du rayonnement haute énergie. Selon la masse de l'étoile compagnon, on distingue entre les binaires X de faible masse (LMXB pour *Low Mass X-ray Binary*) et celles de forte masse (HMXB pour *High Mass X-ray Binary*). Cette classification est motivée par le fait que les mécanismes physiques à l'origine du transfert de matière sont différents dans les deux cas.

Dans les LMXB, l'étoile compagnon est de type spectral tardif (F à K) avec une masse autour de $1\ M_\odot$. L'objet compact est assez proche, la séparation a de la binaire étant généralement inférieure à 10^{11} cm, i.e. $\sim 1,5\ R_\odot$. Du fait de cette proximité, le donneur remplit son lobe de Roche (i.e. la région de l'espace où une particule en orbite reste gravitationnellement liée à l'étoile) et la matière qui déborde est naturellement entraînée vers l'objet compact (cf. Figure 1.2 pour une vue d'artiste). Comme cette matière possède un moment cinétique L non nul, elle se met en orbite autour de l'objet compact au rayon de circularisation $R_{\mathrm{circ}} = L^2/GM$, qui définit ainsi le bord externe du disque d'accrétion. On dénombre aujourd'hui environ 190 LMXB (Liu et al., 2007).

Dans les HMXB, en revanche, le donneur est une jeune étoile très massive (de type O ou B), dont la masse peut dépasser les 20 $M_\odot$. La période orbitale de ces systèmes est plus longue (typiquement quelques dizaines de jours), suite à un écartement plus important des objets. Dans ce cas, l'enveloppe gazeuse du donneur ne remplit plus son lobe de Roche mais l'étoile perd de sa matière par un vent stellaire important (cf. Figure 1.1). Une partie de ce vent est alors capturée par l'objet compact et peut former un disque d'accrétion lors de sa chute. Le catalogue de Liu et al. (2006) fait état de 114 HMXB.

L'étude de l'étoile secondaire permet d'estimer la masse de l'objet compact. En effet, la fonction de masse d'un système binaire est donnée par :

$$f(M) = \frac{P_{orb}K_2^3}{2\pi G} = \frac{M_1 \sin^3 i}{(1+q)^2}, \tag{1.2}$$

avec P_{orb} la période orbitale de la binaire, K_2 la demi-amplitude de la courbe de vitesse radiale de l'étoile compagnon, $q = M_1/M_2$ le rapport des masses et i l'angle d'inclinaison du système par rapport à la ligne de visée. La détermination de la période orbitale et de la courbe de vitesse radiale permet donc de dériver la masse de l'objet compact M_1. Si cette dernière dépasse 3,5 $M_\odot$, il s'agit d'un trou noir. En effet, l'objet est alors trop massif pour être une étoile à neutrons. L'estimation de la masse constitue le seul moyen formel pour identifier un trou noir.

1.2 L'accrétion : principes de base

Alors que nous venons de voir qu'il existe différentes sous-classes de binaires X, toutes sont gouvernées par un même mécanisme physique : l'accrétion de matière sur la masse centrale. En effet, c'est grâce à ce mécanisme que toutes ces sources brillent plus de mille fois plus fortes que le Soleil, et c'est donc lui qui fait office de dénominateur commun dans leur étude. Dans cette section, nous allons évoquer les principales propriétés physiques de l'accrétion, telles qu'elles sont admises aujourd'hui.

1.2.1 Une source d'énergie colossale

Pour pouvoir briller en rayons X, les systèmes accrétants doivent disposer d'un réservoir important d'énergie. Il est alors naturel de s'interroger sur l'origine de cette énergie.

Lorsque le gaz de l'étoile tombe dans le puits de potentiel de l'objet compact, il perd de l'énergie gravitationnelle et gagne de l'énergie cinétique. Pour un objet compact de masse M, si une masse de gaz $\dot{m}$ est accrétée par seconde depuis l'infini jusqu'à une distance R du centre de masse, alors la perte par seconde de l'énergie potentielle du système est donnée par :

$$\partial_t \Phi = \frac{GM\dot{m}}{R}.$$

$$(1.3)$$

Puisque la conversion d'énergie potentielle en rayonnement n'est pas nécessairement totale, cette quantité correspond à la limite supérieure de la luminosité du flot d'accrétion :

$$L_{\text{acc}}^{\text{max}} = \partial_t \Phi = \Xi \dot{m} c^2$$

$$(1.4)$$

où l'on a introduit le paramètre de compacité de la masse centrale :

$$\Xi = \frac{GM}{Rc^2}.$$

$$(1.5)$$

La luminosité maximale de chaque source ne dépend donc non seulement du taux d'accrétion $\dot{m}$, mais aussi de la compacité de l'objet accrétant. Plus ce dernier est compact, plus le système pourra libérer de l'énergie sous forme de rayonnement et donc plus le processus d'accrétion sera dit *efficace*.

Astre	Trou noir[a]	Etoile à neutrons	Naine blanche	Soleil	Terre
Ξ	1	0.15	5×10^{-4}	5×10^{-7}	1×10^{-9}

Tableau 2.1 – Valeurs typiques du paramètre de compacité pour différents astres. [a]Le rayon d'un trou noir est une notion délicate et dépend notamment de la métrique choisie pour décrire l'espace-temps. Par convention, on utilise la métrique de Schwarzschild où l'on a simplement $\Xi = 1$ (cf. Equation (1.1)).

Pour un trou noir, la situation est néanmoins plus complexe. En principe, $\Xi = 1$ et l'accrétion sur un trou noir devrait donc être la plus efficace. Seulement, comme ces objets n'ont pas de surface physique, une partie de la matière peut disparaître sans que son énergie cinétique ne soit libérée sous une autre forme. Pour prendre en compte ce phénomène, on définit alors une efficacité spécifique η telle que $L_{\text{acc}}^{\text{max}} = \eta \dot{m} c^2$. Shapiro & Teukolsky (1983) ont montré que l'accrétion est plus efficace pour un trou noir en rotation rapide ($\eta \sim 0,4$) que pour un trou noir statique ($\eta \sim 0,06$). En moyenne, un système binaire à trou noir est ainsi une centrale énergétique aussi efficace qu'un système à étoile à neutrons (cf. Tableau 1.1), d'où leurs propriétés similaires.

En comparaison, l'accrétion sur des objets non compacts est totalement inefficace. En particulier, l'accrétion sur la Terre est extrêmement faible. C'est pourtant une source d'énergie que l'on connaît bien : lorsque de l'eau chute de la hauteur d'un barrage dans une usine hydroélectrique, elle « s'accrète » sur Terre. Notre planète n'étant pas compacte, cette énergie peut suffire à éclairer nos maisons, mais certainement pas à briller comme une binaire X. De même, les rares autres moyens que l'on connaît pour produire de l'énergie, à savoir les réactions chimiques et nucléaires, sont très peu efficaces : l'efficacité de la combustion d'hydrocarbures est toujours inférieure à 5×10^{-10} et celle de la fission nucléaire de l'ordre de 0,7 %. Par conséquent, l'accrétion sur un trou noir ou une étoile à neutrons constitue le mécanisme le plus efficace que l'on connaisse pour libérer de l'énergie.

1.2.2 La limite d'Eddington

Comme nous venons de le voir, la luminosité émise par les binaires X est proportionnelle au taux d'accrétion $\dot{m}$. Ce régime a pourtant une limite, appelée la *limite d'Eddington*. En effet, si l'accrétion devient trop importante, la luminosité devient telle que la pression de radiation qu'elle exerce sur la matière peut contrebalancer la force gravitationnelle. Le régime devient alors instable et la gravitation n'est plus en mesure d'acheminer la matière vers l'objet compact, si bien qu'accrétion et luminosité saturent. Le seuil en luminosité pour lequel cette situation est atteinte, appelée la luminosité d'Eddington, dépend de la masse de l'objet compact et peut être estimé par la formule approchée suivante :

$$L_{\text{Edd}} \simeq 1.3 \times 10^{38} \text{ erg s}^{-1} \frac{M}{M_\odot} \simeq 3.3 \times 10^4 L_\odot \frac{M}{M_\odot} \qquad (1.6)$$

1.2.3 Le problème du moment cinétique

L'idée d'une accrétion lente et progressive où la matière spirale jusqu'à tomber sur l'objet compact peut sembler assez intuitive. Pourtant, la situation est moins évidente qu'il n'y paraît. On sait par exemple que des particules individuelles dans un champ de pesanteur peuvent orbiter autour de la masse centrale sans jamais tomber, comme le fait en première approximation la Lune autour de la Terre. La gravitation à elle seule ne permet donc pas d'accréter de la matière car cette dernière conserve son moment cinétique. Il faut donc un mécanisme supplémentaire qui soit capable de *dissiper* ce moment cinétique. L'identification de l'origine physique de ce mécanisme représente une étape importante dans l'interprétation théorique de l'accrétion et nous amène à nous y intéresser plus en détail.

1.3 Le disque d'accrétion

La structure exacte du flot d'accrétion dépend de nombreux paramètres. En effet, à part la force gravitationnelle exercée par l'objet compact, la matière est sensible à la pression thermique du gaz, aux transferts de chaleur, aux contraintes visqueuses, à la pression de radiation, à la photo-ionisation ainsi qu'au champ magnétique local.

Cependant, en première approximation, la gravité est dominante et les autres forces peuvent être considérées comme de faibles perturbations. Dans ce cas, le flot d'accrétion prend la forme d'un disque fin, où la matière tourne sur des orbites quasi-circulaires à la vitesse kelplérienne :

$$v_K \propto r^{-1/2}. \tag{1.7}$$

Le temps dynamique caractéristique du disque au rayon r est alors déterminé par l'inverse de la fréquence de rotation de la matière, i.e.

$$t_{dyn} \simeq \frac{1}{\Omega_K} = \frac{r}{v_K} = \sqrt{\frac{r^3}{GM}}. \tag{1.8}$$

La pression, supposée faible devant la gravité, influence l'équilibre vertical et induit une épaisseur du disque h, faible devant le rayon caractéristique r. De même, les forces qui permettent d'évacuer le moment cinétique, quelles qu'elles soient, sont supposées faibles de sorte que la vitesse d'accrétion est petite devant la vitesse orbitale, i.e. $v_r \ll v_K$. Dans ces conditions, le régime d'accrétion porte le nom de régime de *disque mince*.

1.3.1 Le disque α

Même si le régime de disque mince décrit grossièrement la structure du flot, il ne résout pas pour autant la question de l'origine physique de l'accrétion. En effet, comme mentionné plus haut, il est nécessaire d'invoquer un mécanisme physique capable de dissiper le moment cinétique de la matière. Dans leur article de référence, Shakura & Sunyaev (1973) ont proposé une approche à ce problème qui s'est imposée comme modèle standard des disques d'accrétion. Ce modèle, appelé le modèle du *disque α*, est basé sur la viscosité du gaz accrété. En effet, un disque mince dont chaque anneau évolue à vitesse keplérienne présente une rotation différentielle. La viscosité de la matière entraîne alors des contraintes de cisaillement qui provoquent un transfert radial du moment cinétique de l'intérieur vers l'extérieur.

Par ailleurs, le même processus permet d'expliquer l'émission du rayonnement. En effet, la friction visqueuse entre deux anneaux voisins convertit l'énergie gravitationnelle en chaleur, qui sera ensuite dissipée localement. En supposant que les contraintes de cisaillement sont proportionnelles à la pression totale, i.e. $t_{r\varphi} = \alpha(P_{gaz} + P_{rad})$ (d'où le nom du modèle), Shakura & Sunyaev ont montré qu'à l'ordre zéro, le spectre d'émission du disque peut être décrit de manière phénoménologique. Géométriquement mince mais optiquement épais, le disque α est localement à l'équilibre thermodynamique et émet donc un spectre de corps noir, dont la température est fonction du rayon :

$$T(r) \propto (\frac{r}{R_0})^{-3/4}. \tag{1.9}$$

L'émission totale intégrée sur tout le disque est alors une somme de spectres de corps noirs de différentes températures, appelée spectre de corps noir multi-couleur (Mitsuda et al., 1984).

Malgré sa simplicité, ce modèle a apporté une avancée importante car il permet d'expliquer avec précision certains aspects observationnels des binaires X. En particulier, les spectres les plus brillants sont souvent dominés par une composante thermique qui peut être correctement ajustée par un modèle de disque multi-couleur (cf. Figure 1.3). Cette composante du spectre est appelée la *composante molle*, car l'énergie caractéristique de cette émission est relativement basse, de l'ordre de quelques keV.

Néanmoins, le modèle α a ses limites. Il prédit notamment un disque stable dont l'émission est stationnaire, ce qui ne s'accorde pas avec les observations des binaires X. Par ailleurs, outre le rayonnement thermique du disque, le spectre d'émission des binaires X comporte systématiquement une composante plus énergétique (>20 keV), qui ne peut s'expliquer dans le cadre du modèle α. Cet aspect, primordial pour l'étude présentée ici, sera abordé en détail dans le chapitre suivant.

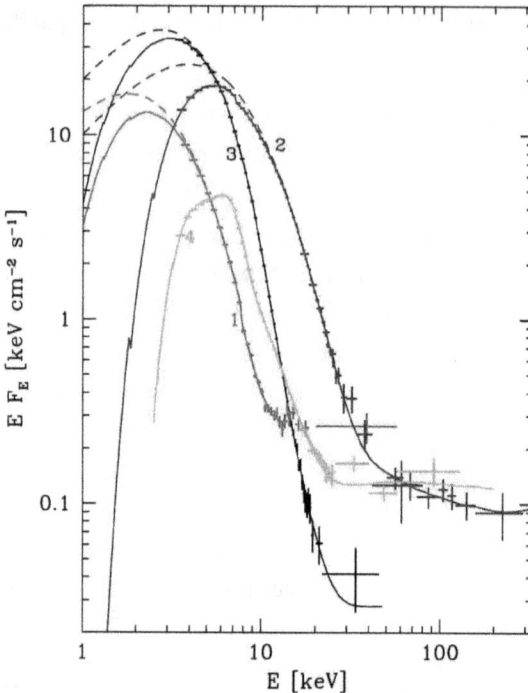

Figure 1.3 – Spectres typiques de l'émission du disque d'accrétion, ajustés avec un modèle de corps noir multi-couleur (figure tirée de Zdziarski et al. (2004)). Le spectre 1 correspond à un état ultra-mou de GX 339–4 (cf. Chapitre 6). Le spectre 2 montre un état mou très brillant de GRS 1915+105 (cf. Chapitre 5). Les spectres 3 et 4 correspondent aussi à des états ultra-mous et proviennent respectivement de XTE J1550–564 et de Cygnus X-3.

1.3.2 Stabilité du disque d'accrétion

Le suivi temporel des binaires X a révélé qu'elles sont fortement variables. Le flux mesuré peut varier de plus d'un facteur 10 sur des échelles de temps très diverses, de l'ordre de quelques millisecondes à plusieurs mois. Il a donc fallu généraliser le modèle du disque α afin d'expliquer les propriétés observées. Un certain nombre d'instabilités, plus ou moins complexes, peuvent en effet se produire au sein du disque d'accrétion. Ici, nous allons mentionner la plus simple, à savoir l'instabilité liée à l'ionisation de l'hydrogène atomique, qui permet d'expliquer déjà bon nombre de phénomènes.

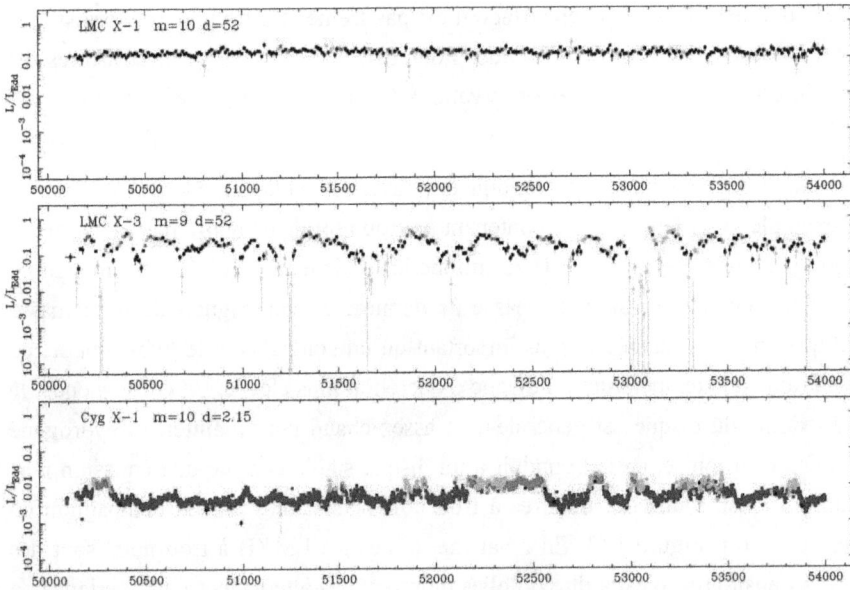

Figures 1.4 – Courbes de lumière ASM (1,2 – 12 keV) pour des systèmes HMXB à trou noir. Malgré la variabilité du flux, ces systèmes montrent une émission sans interruption ; il s'agit de sources *persistantes*. La figure a été mise à disposition par C. Done.

Pour un système donné, le taux d'accrétion $\dot{m}$ régule grossièrement le chauffage visqueux du disque, et donc la température à un rayon donné. Supposons maintenant que le bord externe du disque soit juste assez chaud pour que l'hydrogène soit complètement ionisé. Une légère baisse du taux d'accrétion peut alors provoquer la recombinaison des noyaux, ce qui refroidit le disque davantage. Plus le disque devient froid, plus le taux d'accrétion diminue et le phénomène s'emballe. Une vague de refroidissement est ainsi propagée vers les régions internes qui peut porter l'ensemble de l'hydrogène du disque à l'état neutre et diminuer considérablement son émission X. Cependant, lors de cette propagation, le rayonnement des régions chaudes internes freine l'expansion du refroidissement et conduit in fine à une décroissance exponentielle de la luminosité de la source. De manière réciproque, une fois que le disque est neutre et froid, une instabilité locale peut conduire à l'ionisation des régions internes, ce qui provoque le phénomène inverse, jusqu'à aboutir à nouveau à un disque chaud et complètement ionisé.

Notons que le processus de chauffage n'est pas freiné et cette phase de croissance de l'émission X est donc très rapide. Pour beaucoup de sources transitoires, ce scénario est en accord avec les observations (cf. l'article de revue de Done et al., 2007).

D'autres phénomènes observationnels peuvent s'expliquer par ce mécanisme. Par exemple, pour les systèmes contenant un trou noir, le comportement temporel à long terme de l'émission X/γ diffère en fonction de la nature de l'étoile compagnon. En effet, pour un trou noir de masse M donnée, un compagnon de forte masse implique un taux d'accrétion plus important qu'un compagnon de faible masse, ce qui entraine une température du disque d'accrétion plus élevée. En conséquence, le bord externe du disque est généralement assez chaud pour maintenir l'hydrogène complètement ionisé, ce qui conduit à un disque stable et donc une émission persistante[2]. Ainsi, toutes les binaires à trou noir persistantes ont un compagnon de forte masse (cf. Figure 1.6). En revanche, toutes les LMXB à trou noir[3] sont des sources transitoires, c'est à dire qu'elles montrent des alternances entre périodes de forte activité et des périodes où leur émission n'est plus détectée par les télescopes X. Les échelles de temps caractéristiques de cette alternance sont pourtant très variables (cf. Figure 1.5).

Une instabilité d'un autre type, liée à la pression de radiation, est également attendue dans les disques d'accrétion. D'après le modèle α, cette instabilité devrait se produire dès que la luminosité du disque dépasse 0,6 % de L_{Edd}. Or, les observations ont révélé que cette prédiction est fausse (Honma et al., 1991; Szuszkiewicz & Miller, 2001; Merloni & Nayakshin, 2006), puisque l'émission de certaines sources est stable même au-delà de 10 % de L_{Edd}. Ceci montre à nouveau les limites de la modélisation phénoménologique de Shakura & Sunyaev et suggère que les contraintes de cisaillement doivent être décrites de manière plus nuancée. Plus de détails par rapport à ces aspects nous éloigneraient trop du sujet principal et le lecteur intéressé pourra se référer à Stella & Rosner (1984); Kato et al. (1998); Merloni (2003) pour le côté théorique ainsi qu'à Fender & Belloni (2004) et Done

---

[2] au sens où l'émission X/γ ne « s'éteint » jamais, même si le flux observé est variable.
[3] certaines sources montrent néanmoins des comportements singuliers, comme notamment GRS 1915+105 (cf. Chapitre 5).

et al. (2004) pour la mise en évidence de ce type d'instabilité sur une source particulière, GRS 1915+105 (l'étude du rayonnement haute énergie de cette source sera présentée au Chapitre 5).

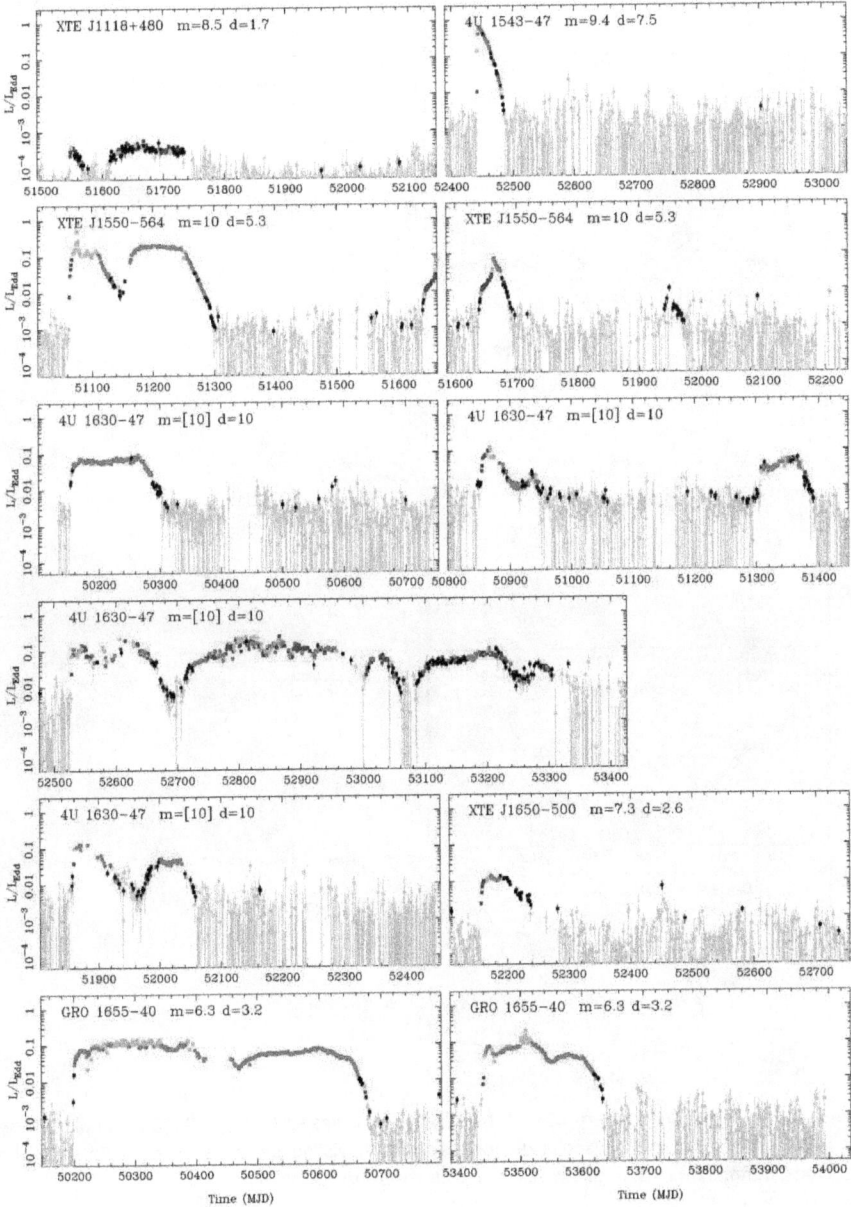

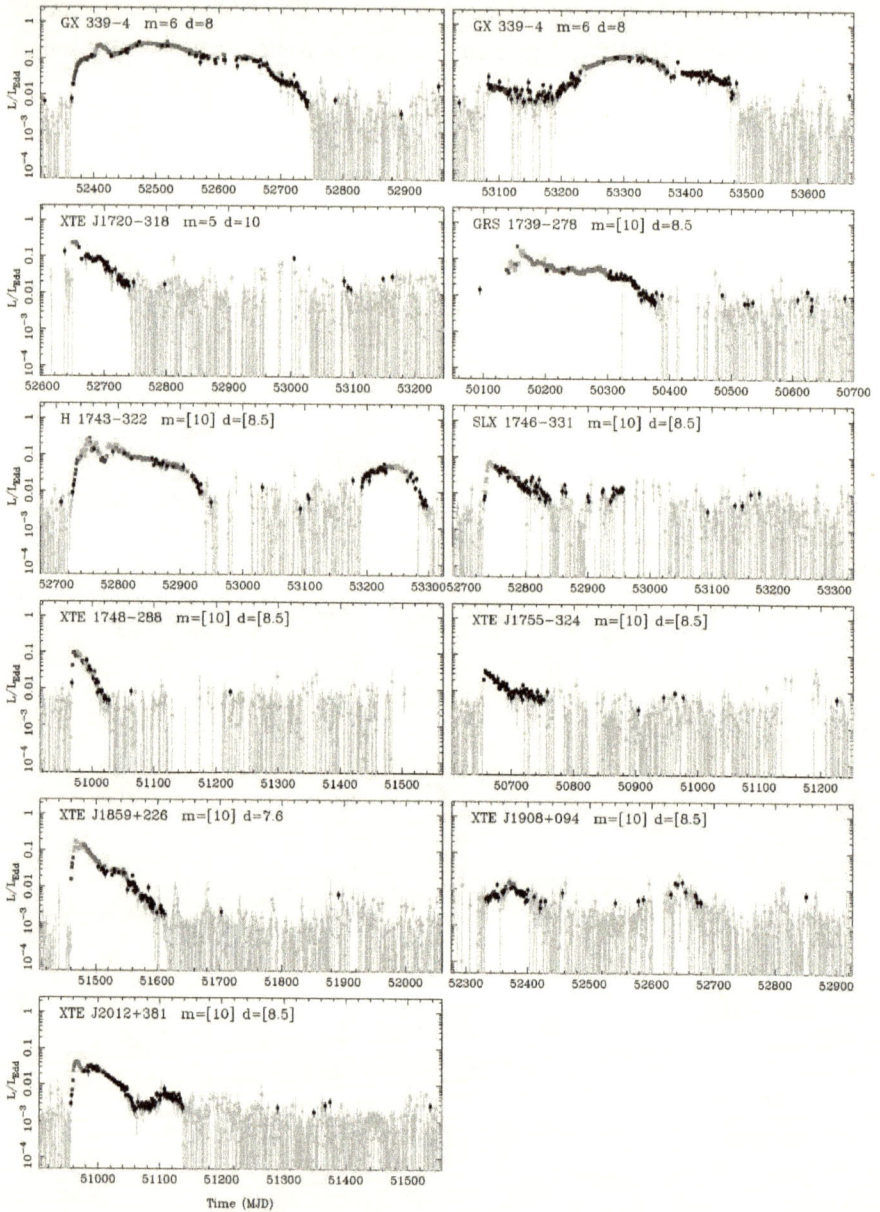

Figures 1.5 – Courbes de lumière ASM (1,2 – 12 keV) pour des systèmes LMXB à trou noir. Toutes ces sources montrent des épisodes de forte activité suivis de périodes où elles ne sont plus détectées, définissant ainsi la classe des sources *transitoires* (Done et al., 2007).

1.3.3 La variabilité rapide

Outre la variabilité à long terme, les binaires X montrent des variations de flux très rapides, sur des échelles de temps variant entre plusieurs centaines de secondes et quelques millisecondes (van der Klis, 1989). Ces dernières peuvent être de nature apériodique (phénomène appelé flickering) ou quasi-periodique (QPO pour Quasi-Periodic Oscillation). La découverte de variations apériodiques de hautes fréquences (de l'ordre du kHz) dans Cygnus X-1 (Oda et al., 1971) avait conduit à considérer celles-ci comme une signature d'un système binaire à trou noir. Cependant, de telles variations furent plus tard observées dans des systèmes abritant une étoile à neutrons, ce qui écartait cette hypothèse (van der Klis, 1994). Réciproquement, les QPO furent d'abord considérés comme étant caractéristiques des étoiles à neutrons (Lewin et al., 1988), mais les spectres de puissance de certains candidats trou noir tel GX 339–4 (Grebenev et al., 1991) et Cygnus X-1 (Vikhlinin et al., 1994) révélaient à leur tour de tels phénomènes. La variabilité rapide semble donc être une propriété générale des binaires X et l'on soupçonne que les oscillations du flux sont produites par les régions internes du disque d'accrétion. En revanche, le mécanisme physique qui donne naissance à ces phénomènes reste inconnu et la communauté ne dispose pas de modèle satisfaisant pouvant expliquer les QPO.

Les observations réalisées dans le domaine temporel, notamment avec EXOSAT, Ginga et RXTE/PCA ont néanmoins permis des caractérisations assez précises des phénomènes observés. En particulier on a pu mettre en évidence une corrélation étroite entre l'état de variabilité rapide et l'état spectral des sources (cf. van der Klis, 2004, pour un article de revue). Pour une étoile à neutrons, les fréquences des QPO observées sont généralement plus élevées que pour les trous noirs (Sunyaev & Revnivtsev, 2000). Ceci peut être relié au fait que le temps dynamique caractéristique du disque d'accrétion t_{dyn} (cf. Equation (1.8)), qui traduit la compacité à proximité de l'objet compact, est plus petit pour des objets plus massifs. Ainsi, l'étude des variabilités temporelles rapides permet un sondage des régions les plus proches de l'objet compact et peut apporter des contraintes sur les constantes dynamiques et les modèles d'accrétion (Stella, 1988). Néanmoins, ces aspects ne seront pas davantage développés dans cet ouvrage et nous renvoyons le lecteur intéressé à van der Klis (2004).

1.4 Les éjections de matière

Lors de l'accrétion sur un objet compact, le flot de matière ne se limite pas à un disque qui achemine le gaz vers la masse centrale. En effet, des observations dans le domaine radio ont révélé que les binaires X (surtout les systèmes à trou noir) peuvent éjecter de la matière sous forme de jets perpendiculaires au plan du disque. Sur des échelles spatiales beaucoup plus grandes, le même phénomène est observé dans les noyaux actifs de galaxie, ce qui indique que les liens entre accrétion et éjection sont probablement universels (Merloni, 2003; Falcke et al., 2004).

Dans les binaires X, on observe deux types d'éjections de matière : les jets persistants, compacts et auto-absorbés, généralement associés aux états durs (voir le Chapitre 2 pour la définition des états spectraux) et les éjections plutôt discrètes de matière optiquement mince qui se produisent lors de certaines transitions d'état. L'étude des jets et de la connexion entre accrétion et éjection est fondamentale pour la compréhension des systèmes accrétants, mais dépasse le cadre de ce travail. Le lecteur intéressé est peut approfondir le sujet en se référant à Markoff (2010), qui passe en revue les résultats importants de ce domaine.

2. L'émission haute énergie des binaires X

Dans ce chapitre seront présentées les propriétés spectrales de l'émission X/γ des binaires X. Nous allons porter un intérêt particulier au caractère variable et complexe de l'émission à haute énergie (>20 keV) ainsi qu'aux principaux scénarios capables d'expliquer les phénomènes observés.

2.1 La distribution spectrale du rayonnement

Les courbes de lumière en rayons X ont montré que le comportement temporel des binaires X peut être modélisé (en première approximation) par un disque α. Pourtant, à lui seul, ce modèle ne permet pas d'expliquer leur distribution spectrale en énergie. En effet, les premiers télescopes X-dur ont révélé que le spectre des binaires X s'étend au-delà de 20 keV et présente une forme clairement incompatible avec un rayonnement purement thermique (p.ex. Lightman & Shapiro, 1975). Une extension du scénario canonique était donc nécessaire. Intrigués par la variabilité temporelle et spectrale du rayonnement observé, les chercheurs ont proposé de nombreuses interprétations de l'émission haute énergie, si bien qu'il est difficile d'en donner l'historique exhaustif. Un certain paradigme s'est pourtant imposé au fil des années, dont les détails seront présentés dans la suite de ce chapitre.

2.1.1 La composante en loi de puissance

Depuis les premières observations de Cygnus X-1, il est connu que la distribution spectrale de l'émission haute énergie des binaires X comporte une composante supplémentaire au disque, plus énergétique, qui, par moment, peut complètement dominer le spectre total. En première approximation, cette composante peut être modélisée par une distribution en loi de puissance avec une coupure exponentielle à haute énergie :

$$\frac{dN}{dE} \propto E^{-\Gamma} \times \begin{cases} 1 & \text{pour } E < E_c \\ e^{-\frac{E-E_c}{E_f}} & \text{pour } E > E_c \end{cases} \qquad (2.1)$$

où Γ est l'indice de photon (souvent appelé la "pente" du spectre), E_c représente l'énergie de coupure et E_f donne l'énergie à laquelle le flux de la loi de puissance est pliée (« folded » en anglais). Remarquons que dans certains états spectraux (cf. section suivante) la coupure à haute énergie semble être absente, pour le moins elle est non-détectable.

L'interprétation la plus courante de cette émission en loi de puissance, proposée à l'origine par Shakura & Sunyaev (1973), évoque la présence d'un gaz d'électrons chauds (de distribution quasi-Maxwellienne) qui transfèrent une partie de leur énergie aux photons du disque par diffusion Compton inverse (Thorne & Price, 1975; Shapiro et al., 1976; Sunyaev & Titarchuk, 1980). Ce mécanisme permet de produire des photons énergétiques à condition que le gaz se situe assez proche de l'objet compact, définissant ainsi une zone appelée la *couronne*[4]. Même si différentes interprétations existent (e.g. Markoff et al., 2001), la majeure partie de la communauté s'accorde aujourd'hui à dire que la composante en loi de puissance est produite par *Comptonisation*. Néanmoins, beaucoup de questions restent ouvertes (cf. Chapitre 3). En particulier, la nature, la géométrie et les mécanismes de chauffage de la couronne sont sujet à débats. Ces débats, qui représentent une motivation majeure pour ce travail de recherche, sont principalement alimentés par la variabilité spectrale observée dans les binaires X.

2.1.2 Les états spectraux

Dès le début des années 70, les observations ont mis en évidence que le spectre des binaires X est loin d'être constant. Toutefois, certains motifs spectraux sont observés de manière récurrente, permettant ainsi une classification phénoménologique de l'état des sources. Les deux composantes introduites plus haut, à savoir une émission corps noir multi-couleur (cf. Section 1.3.1) et une loi de puissance (cf. section 2.1.1), permettent de modéliser qualitativement les différents

---

[4] Ce terme, qui a été introduit par analogie du milieu en question avec l'environnement solaire, n'est finalement pas très adapté et a parfois été source de confusion.

états spectraux. L'importance relative des deux composantes, la température du bord interne du disque multi-couleur, la pente de la loi de puissance et l'énergie où se situe la coupure sont suffisants pour caractériser à peu près toutes les situations (cf. Figures 2.1 et 2.2). Dans la littérature, on distingue généralement entre 5 états

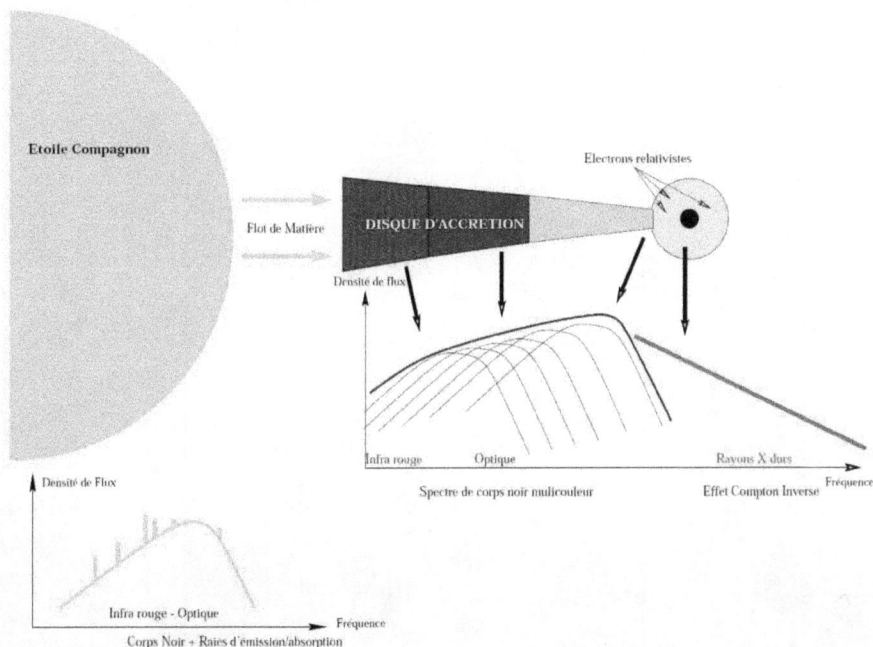

Figure 2.1 – Représentation schématique d'une binaire X. L'étoile compagnon, qui constitue la source de matière accrétée, émet un spectre de nature thermique qui pique dans le domaine infra-rouge, visible ou ultra-violet selon la masse de l'étoile. Le flot de matière forme un disque d'accrétion produisant un spectre de nature thermique dans le domaine des rayons X-mou. En X-dur, on observe une composante en loi de puissance, généralement associée au processus Compton inverse. Cette dernière composante suggère ainsi la présence de particules énergétiques dans l'environnement proche de l'objet compact. La figure est tirée de la thèse de J. Rodriguez (2002).

bien identifiés. Même si certains détails peuvent varier selon les auteurs (Tanaka & Lewin, 1995; McClintock & Remillard, 2003), ces états sont usuellement définis par les propriétés suivantes :

L'état quiescent

Cet état est propre aux sources transitoires et caractérise les périodes entre deux éruptions successives. La luminosité dans cet état est extrêmement basse ($< 10^{-6} L_{Edd}$) et la composante thermique quasi inexistante. La composante en loi de puissance est faiblement détectable et présente une pente relativement dure ($\Gamma \simeq 1,5 - 2,1$).

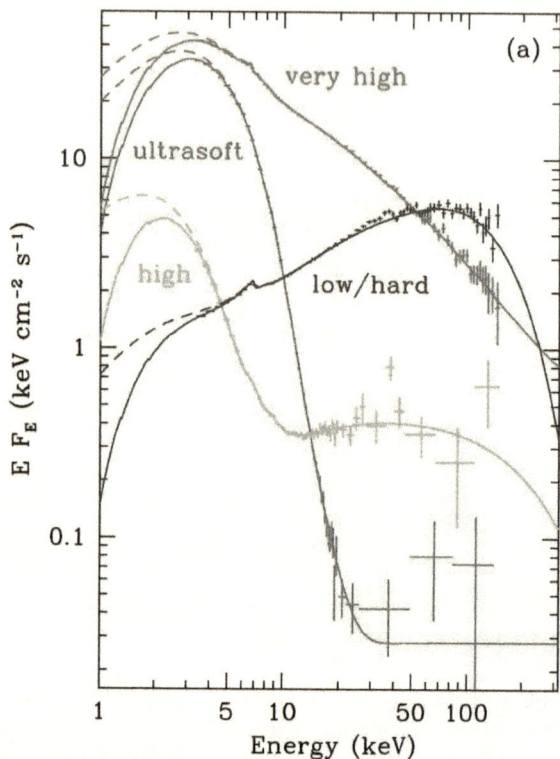

Figure 2.2 – Illustration des différents états spectraux exhibés par une même source, ici XTE J1550–564. Dans le texte, nous n'avons pas distingué l'état ultra-mou, le considérant comme un cas extrême de l'état mou. La figure est issue de Zdziarski et al. (2004).

L'état dur

Cet état, anciennement appelé l'état bas, présente une luminosité X (bande 1,0 keV – 10 keV) plutôt faible et un spectre dominé par la composante en loi de puissance. L'indice de photon est faible ($\Gamma \simeq 1,4 - 2,0$) : on dit que le spectre est dur car le flux d'énergie (en unité $\nu \cdot f_\nu$) pique dans le domaine X-dur, typiquement aux alentours de 100 keV. A haute énergie, le spectre présente généralement une coupure exponentielle, caractéristique de la température du plasma où le rayonnement est produit.

L'émission de corps noir, en revanche, représente moins de 20% du flux et la température du disque est froide : $k_BT < 0,5$ keV ($T < 6 \cdot 10^5$ K). En radio, on observe souvent les signatures d'un jet compact et continu de matière.

L'état intermédiaire

Dans l'état intermédiaire, la composante thermique a gagné en importance par rapport à l'état dur et sa luminosité est désormais comparable à celle de la composante en loi de puissance ($\lesssim 50\%$). Le spectre à haute énergie est moins dur ($\Gamma \gtrsim 2,0$) et la température interne du disque d'accrétion est plus chaude ($k_BT \simeq 0,5 - 1,0$ keV). Cet état est généralement observé lors de transitions entre l'état dur et l'état mou.

L'état mou

Cet état, anciennement appelé l'état haut, représente avec l'état dur les deux états principaux, dits *canoniques*. Il est défini par une émission corps-noir qui domine largement le spectre avec plus de 75% du flux ; le spectre à basse énergie ressemble à celui prédit par le modèle α de Shakura & Sunyaev avec une température du bord interne du disque de l'ordre de ($k_BT \simeq 0,8 - 1,5$ keV).

La composante en loi de puissance, en revanche, est faible avec une pente typique de $\Gamma \simeq 2,0 - 2,5$, et ne présente généralement pas de coupure à haute énergie détectable. Sur certaines sources fortes, la loi de puissance est observée jusqu'au-delà du MeV.

L'état très intense

Par son motif spectral, cet état ressemble à l'état intermédiaire. Néanmoins, tout y est plus violent : le flux total est très élevé (souvent proche de la limite d'Eddington) et l'on observe simultanément un disque chaud ($k_BT \simeq 2,0$ keV) et une forte émission en loi de puissance, souvent très molle ($\Gamma \simeq 2,5$).

2.2 Les modèles d'accrétion

Dans cette section, nous allons présenter les modèles usuels qui permettent de correctement reproduire les états spectraux vus plus hauts. Ensuite, nous décrirons comment des changements de géométrie sont capables d'expliquer la phénoménologie des transitions spectrales. Enfin nous mentionnerons aussi les alternatives à ce *paradigme standard*, notamment pour expliquer l'état le plus intriguant : l'état dur.

2.2.1 La couronne du disque d'accrétion

Le modèle de la couronne du disque d'accrétion (abrégé ADC pour *Accretion Disk Corona* en anglais) a permis d'expliquer toutes les propriétés observationnelles de l'état mou et semble aujourd'hui admis par une large majorité de la communauté. Ce modèle est basé sur un disque d'accrétion de type α qui s'étend jusqu'à la dernière orbite stable (appelée ISCO pour *Innermost Stable Circular Orbit*). L'existence de cette orbite est une prédiction directe de la relativité générale, qui stipule que pour un rayon inférieur à une valeur critique, l'équation de mouvement d'une particule autour d'un trou noir n'a plus de solution stable. Au-delà de cette limite le flot de matière présente un mouvement de quasi chute libre sur la masse centrale (*converging inflow*, Laurent & Titarchuk 1999). Le bord interne du disque d'accrétion étant ainsi très proche du trou noir, le disque est chaud ($k_B T \simeq 1,0$ keV) et son émission thermique est importante.

Pour rendre compte de la loi de puissance observée à plus haute énergie, il a été proposé qu'une partie de la puissance d'accrétion est susceptible d'être transportée hors du disque pour être dissipée dans un milieu optiquement mince. En effet, si le flot est magnétisé, la flottabilité du champ magnétique peut extraire de l'énergie du disque et la libérer ailleurs par reconnexion magnétique (Liang & Price, 1977; Galeev et al., 1979). Les zones où l'énergie est dissipée subissent alors des chocs de type Fermi, capables d'accélérer des électrons jusqu'à des énergies relativistes (Miller & Stone, 2000; Hirose et al., 2006). Les régions où les particules sont accélérées forment des régions dites *actives*, dont l'ensemble définit l'ADC. La population d'électrons non-thermiques de la couronne interagit avec le rayonnement thermique du disque et transfère ainsi une part importante d'énergie aux photons. Ce processus, appelé *Comptonisation non-thermique*, est capable d'expliquer avec précision la loi de puissance de pente $\Gamma \simeq 2,0 - 2,5$ observée au-delà de 10 keV dans l'état mou.

2.2.2 Le flot d'accrétion optiquement mince

Un disque de type Shakura-Sunyaev est optiquement épais, ce qui garantit un couplage efficace entre matière et rayonnement, et donc une thermalisation quasi totale de l'énergie. Or, un tel modèle n'est pas capable d'expliquer l'état dur car il ne permet pas de produire une loi de puissance à pente dure ($\Gamma \simeq 1,4 - 2,0$) qui domine le spectre. Une solution à ce problème consiste à imaginer que dans l'état dur, les propriétés physiques du flot d'accrétion changent à partir d'une certaine distance de l'objet compact. En effet, lorsque le taux d'accrétion et donc la densité de particules sont faibles, le milieu interne peut devenir transparent par rapport aux interactions électron-photon. Ceci implique que le couplage entre protons et électrons devient faible aussi (p.ex. Stepney & Guilbert, 1983) et la thermalisation du plasma finit par être plus lente que la vitesse d'accrétion. Comme l'énergie gravitationnelle est proportionnelle à la masse, les mécanismes de chauffage concernent préférentiellement les protons, tandis que seul les électrons perdent rapidement leur énergie par rayonnement (Shapiro et al., 1976). A l'équilibre, un tel milieu comporte ainsi[1] des particules à deux températures différentes : une population de protons chauds (typiquement $T \simeq 10^{11}$ K) et une population d'électrons plus froids (de l'ordre de $T \simeq 10^8 - 10^9$ K). A cause de la température élevée des protons, le flot possède une hauteur d'échelle importante et les forces de pression contribuent à contrebalancer la gravité.

Ainsi, d'un point de vue radiatif, un milieu à deux températures est peu efficace. En effet, seulement une faible fraction de l'énergie d'accrétion est transférée aux électrons par collisions, énergie qui est ensuite dissipée par rayonnement *inverse Compton*, rayonnement *bremsstrahlung* et rayonnement *cyclo-synchrotron*, l'importance relative des différents processus dépendant des propriétés du milieu. Un tel modèle, proposé à l'origine par Shapiro et al. (1976), est en principe capable de reproduire la forme spectrale observée dans l'état dur.

Cependant, Pringle (1976) et Piran (1978) ont réalisé assez vite que cette solution était thermiquement instable. En effet, une faible augmentation de la température des ions provoque une augmentation de la température des électrons alors que le refroidissement par rayonnement de ces derniers reste constant. Les interactions Coulomb entre électrons et protons deviennent alors de moins en moins efficaces et le chauffage des ions s'emballe. Le modèle de plasma géométri-quement épais, optiquement mince et à deux températures représente néanmoins la base d'une série de solutions stables, capables d'expliquer qualitativement la phénoménologie de l'état dur des binaires X : les ADAFs.

Les ADAFs

La solution proposée par Shapiro et al. (1976) ne prenait pas en compte l'advection de la matière, dont l'impact sur la structure et la stabilité du milieu dynamique peut être capitale (Ichimaru, 1977; Rees et al., 1982). Conscient de cette situation, Narayan & Yi (1994, 1995) ont élaboré un modèle de flot d'accrétion optiquement mince qui est régi par advection : le modèle ADAF (pour *Advection Dominated Accretion Flow*, voir aussi Abramowicz et al. 1995). Dans ce type de solution, une très faible fraction de l'énergie thermique acquise par les particules est dissipée par rayonnement, le reste étant *advecté* vers la masse centrale. Ce modèle est naturellement convectif et correspond à des taux d'accrétion très faibles ($\dot{m} < 0{,}01\ \dot{m}_{\text{Edd}}$) (Narayan & Yi, 1994; Igumenshchev et al., 1996). Pour que les ions s'accrètent sans libérer leur énergie, il faut qu'ils tombent très rapidement sur l'objet compact, typiquement avec une vitesse de l'ordre du dixième de la vitesse de chute libre. La perte d'énergie des ions est alors dominée par le refroidissement advectif plutôt que par les interactions Coulomb. Ceci conduit à une solution stable car les pertes par advection sont proportionnelles à la température des protons.

Alors que les ADAFs ont principalement été développés pour décrire le rayonnement des noyaux actifs de galaxie, ils ont permis d'expliquer qualitativement l'état dur ainsi que la faiblesse relative de l'émission haute énergie des binaires à trou noir par rapport aux binaires à étoile à neutrons dans les états quiescents (Narayan et al., 1997).

D'autres types de flots dominés par advection ont été proposés : les LHAF (*Luminous Hot Accretion Flows*, Yuan 2001), qui possèdent une structure similaire aux ADAFs mais restent stables pour des luminosités plus importantes ($< 0{,}1\ L_{\text{Edd}}$), les ADIOS (*Advection Domianted Inflow Outflow Solution*, Blandford & Begelman (1999)) dont la particularité est une perte de matière par vent, les MDAF (*Magnetically Dominated Accretion Flow*, Meier (2005)) où la dynamique du flot est dominée par le champ magnétique et les JDAF (*Jet Dominated Accretion Flow*, Falcke et al. (2004)) qui prennent en compte la présence d'un jet. Ces solutions ne seront pas davantage détaillées ici et le lecteur intéressé est invité à se référer aux publications associées.

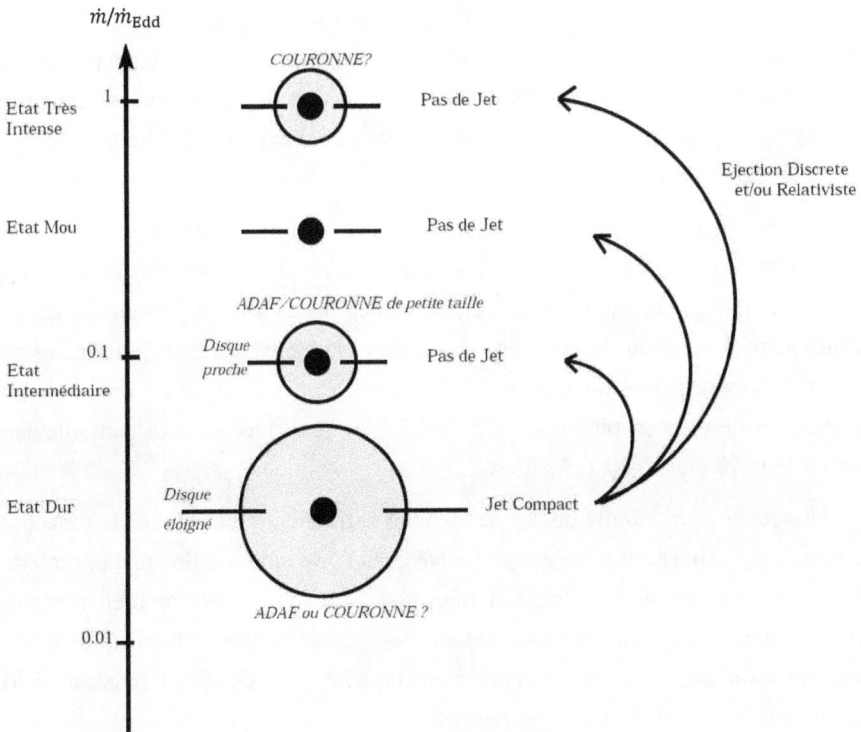

Figure 2.3 – Modèle standard pour les transitions spectrales (figure adaptée de Esin et al. (1997) et Fender et al. (1999)). La géométrie sphérique de la couronne est un choix arbitraire et ne correspond pas nécessairement à une réalité physique.

2.2.3 Les transitions spectrales

Depuis le début des années 2000, un paradigme visant à expliquer les transitions spectrales s'est petit à petit imposé. Ce dernier suppose un changement de la géométrie du flot de matière en fonction du taux d'accrétion. De nombreux travaux ont été consacrés à cet aspect et l'on citera notamment Esin et al. (1997) ainsi que Done et al. (2007) pour une synthèse relativement récente (cf. Figure 2.3).

D'après ce paradigme, lorsque le taux d'accrétion est très faible, le bord interne du disque se situe loin de l'objet compact (>100 R_G). Le disque est géométrique-ment mince et optiquement épais et n'émet pratiquement pas en rayons X à cause de sa basse température. En deçà d'un certain rayon, le flot d'accrétion change de nature et le disque est remplacé par une couronne géométriquement épaisse et optiquement mince, de type ADAF. Les électrons chauds de la couronne produisent l'émission en loi de puissance en perdant leur énergie par rayonnement Compton. De manière qualitative et souvent quantitative[5], ceci explique la phénoménologie des états quiescents et durs.

A mesure que le taux d'accrétion augmente, le bord interne du disque se rapproche du centre de masse et le disque devient de plus en plus chaud. La partie thermique du spectre gagne en importance et de plus en plus de photons du disque contribuent à refroidir la couronne. Ceci reproduit bien les états intermédiaires observés lors des transitions entre l'état dur et l'état mou, à savoir une émission corps noir de plus en plus chaude et une loi de puissance dont la pente devient graduellement plus molle (cf. Figure 2.3).

Lorsque le bord interne du disque a atteint la dernière orbite stable, la transition spectrale est achevée et la source se trouve dans l'état mou. Le flot advectif interne s'effondre et l'émission du disque domine dorénavant le spectre. Parallèlement, des régions actives se sont formées autour des parties internes du disque où des électrons sont accélérés par le champ magnétique, produisant ainsi l'émission en loi de puissance observée à haute énergie.

Ce scénario, assez intuitif, souffre pourtant d'un certain nombre de faiblesses. En effet, il ne permet pas d'expliquer la phénoménologie de l'état très intense, où un disque très chaud et une couronne puissante coexistent. Ensuite, il ne permet ni d'expliquer le comportement dynamique de la couronne (variabilité à haute

---

[5] certaines observations semblent toutefois défier les prédictions quantitatives de ce modèle, cf. section 6.1.2.

énergie) ni les phénomènes d'éjection de matière. Certains de ces aspects sont pris en compte dans des modèles plus récents, comme par exemple celui de Ferreira et al. (2006) qui prend en compte la magnétisation du disque et la connexion entre accrétion et éjection (cf. Figure 2.4).

2.2.4 Les modèles alternatifs pour l'état dur

Les modèles de type ADAF, majoritairement sollicités pour expliquer l'état dur, n'expliquent pourtant pas tous les faits observationnels. En particulier, ces modèles n'arrivent pas à correctement décrire les situations où la loi de puissance de l'état dur est très lumineuse ($\gtrsim 0{,}1\ L_{Edd}$), observées pour certaines sources comme GX 339–4 par exemple (cf. Chapitre 6). Pour ces états durs lumineux, un scénario alternatif suggère que le disque n'est pas tronqué, mais que sa faible luminosité s'explique par le fait que la majeure partie de la puissance d'accrétion est dissipée en dehors du disque. En effet, similaire au scénario proposé pour expliquer l'état mou, des processus magnétiques peuvent transporter l'énergie dans une couronne qui enveloppe les régions internes du disque (géométrie de type ADC, Liang & Price 1977; Miller & Stone 2000). En principe, ce mécanisme peut être si efficace que la température du disque devient tellement faible que son émission thermique n'est plus détectée, tandis que le rayonnement de la couronne domine le spectre. Cependant, la géométrie implique que le disque intercepte approximativement la moitié du rayonnement de l'ADC, ce qui devrait le porter malgré tout à des températures suffisamment élevées pour le rendre visible dans le spectre.

Or, Beloborodov (1999) a montré que lorsque l'ADC présente un mouvement moyen d'éloignement du disque (*outflow*), l'émission de la couronne n'est plus isotrope mais dirigée dans le sens du mouvement moyen, si bien que le chauffage radiatif du disque est significativement réduit. Des calculs qui prennent en compte cet effet suggèrent que des vitesses d'ensemble de l'ordre de $\simeq 0{,}5c$ permettent de correctement reproduire les observations ; une dynamique non-relativiste est donc suffisante et fournit le cadre pour une interprétation alternative de l'état dur. Nous reviendrons sur ces aspects dans le Chapitre 6, lors d'une étude de l'état dur de GX 339–4, et dans la discussion présentée au Chapitre 8.

3. Obervations en X-dur/γ

L'observation des rayons X-dur/γ est une branche importante de l'astronomie car elle seule est capable d'appréhender de manière directe les phénomènes les plus violents de l'Univers. En revanche, il s'agit d'une branche ardue car les propriétés du rayonnement à très courte longueur entraînent que son observation s'apparente souvent à des défis technologiques ; de plus, les signaux visés sont généralement faibles par rapport au bruit, rendant la tâche d'autant plus difficile.

Dans la première partie de ce chapitre, nous aborderons les aspects techniques au travers d'un tour d'horizon des missions qui ont marqué l'histoire du domaine observationnel entre 10 keV et plusieurs dizaines de MeV. La deuxième partie du chapitre résumera de manière non exhaustive les résultats majeurs des missions X-dur/γ de l'ère pré-INTEGRAL.

3.1 Vers les observatoires des années 2000

3.1.1 Détecter et localiser la trajectoire des photons

Contrairement aux rayonnements électromagnétiques à grande longueur d'onde (le rayonnement radio par exemple), les photons X et γ sont détectés individuellement sans faire appel à leurs propriétés ondulatoires. Un photon se comporte donc comme une particule et il est détecté grâce à son interaction avec la matière. Dans la gamme en énergie qui nous intéresse, cette interaction se fait selon trois mécanismes, à savoir l'effet photoélectrique, l'effet Compton et la création de paires (cf. Figure 3.1). La section efficace de chaque mode d'interaction dépend du matériau de détection et de l'énergie du photon incident (cf. Figure 3.2). A basse énergie, l'interaction se fait préférentiellement par effet photoélectrique : le photon est complètement absorbé et son énergie sert à éjecter un électron lié d'un atome du matériau détecteur. Les interactions par diffusion Compton (collision inélastique entre le photon et un électron du matériau détecteur) et par effet de paire (création d'une paire électron-positron par absorption d'un photon d'énergie $E > 1,022$ MeV près d'un noyau atomique) prennent le relais successivement à mesure que les photons incidents sont de plus en plus énergétiques.

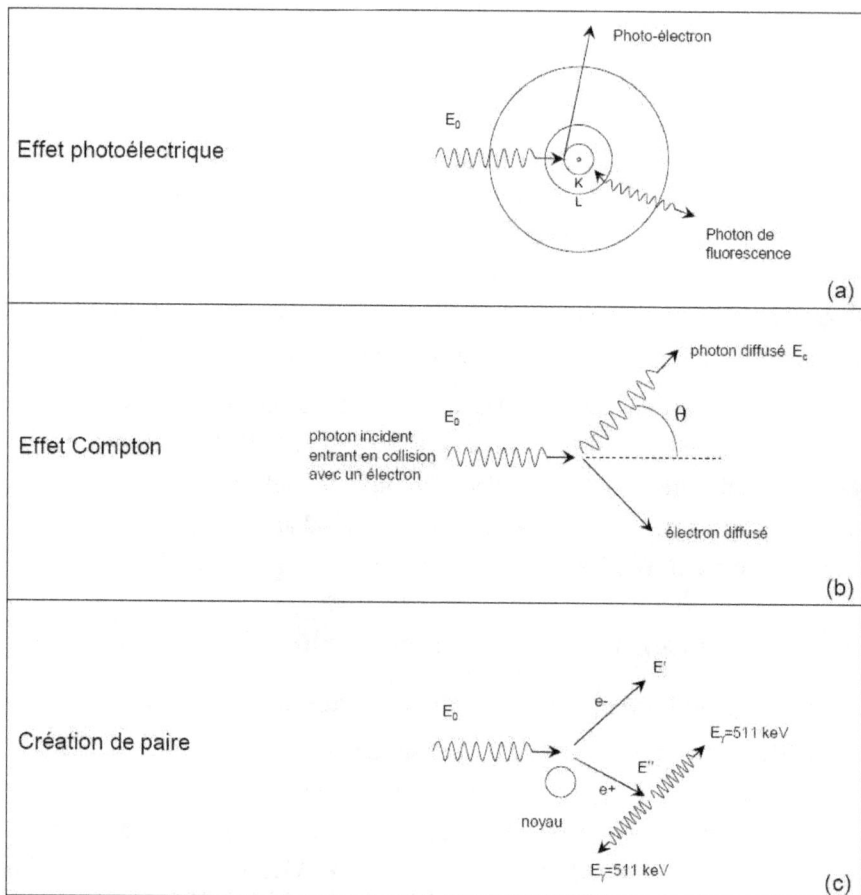

Figure 3.1 – Les trois différentes interactions photon-matière pouvant se produire dans les détecteurs X/γ. L'interaction dominante dépend de l'énergie du photon incident (cf. Figure 3.2).

Comme les photons de haute énergie disposent d'un pouvoir de pénétration important, les interactions sont favorisées dans un milieu de densité de surface élevée. Il existe différents types de détecteurs de rayonnement X/γ, à savoir les détecteurs à gaz (ou compteurs proportionnels à gaz), les scintillateurs et les semi-conducteurs. Le choix d'un certain type plutôt qu'un autre dépend de la bande en énergie visée ainsi que de l'efficacité de détection et de la résolution spectrale souhaitée. Les détecteurs à semi-conducteur, utilisés pour réaliser le plan de détection de SPI, seront présentés plus en détail au prochain chapitre à la section 4.2.1.

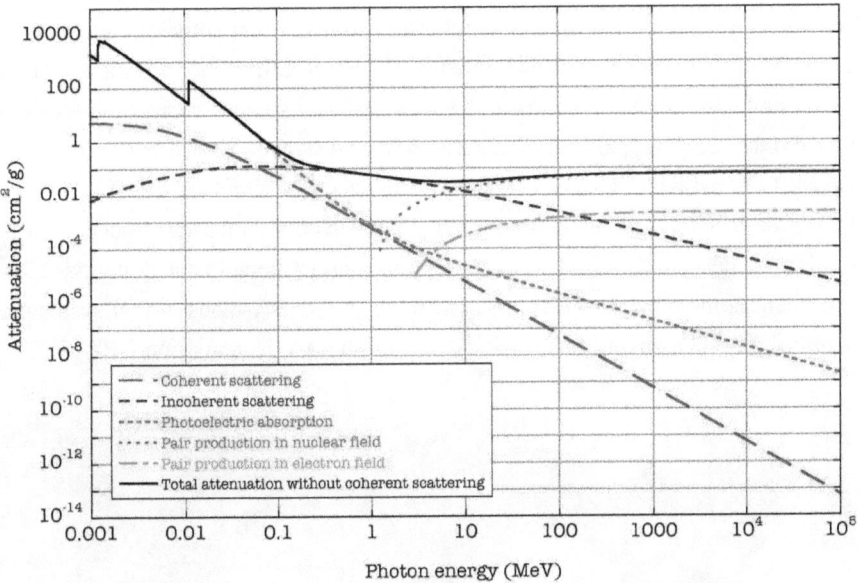

Figure 3.2 – Sections efficaces associées aux différents processus d'interaction rayonnement-matière. La diffusion cohérente n'engendre pas de perte d'énergie du photon incident et ne permet donc pas de détection. La figure est tirée de la thèse de P. Martin (2008).

L'effet photoélectrique, qui domine les interactions à basse énergie (là où le flux des sources ponctuelles est le plus important) ne permet pas de remonter à la direction d'incidence des photons détectés. Pour pouvoir localiser la position des sources du rayonnement, une première solution simple consiste à disposer un collimateur dans le champ de vue du plan de détection. En effet, comme les photons se propagent en ligne droite, un tube aux parois absorbantes permet de délimiter la zone du ciel vue par le détecteur. Lorsqu'il n'y a qu'une seule source dans le champ de vue, son flux peut alors être évaluée par la technique dite du *on-off*. Sur la pose *on*, l'instrument pointe la source et enregistre le taux de comptage total, à savoir la somme des contributions de la source et du bruit de fond. Ensuite, une pose *off* sur une région du ciel dépourvue de source enregistre la contribution du bruit de fond de manière séparée. Enfin, le taux de comptage de la source visée s'obtient par soustraction des deux mesures.

Néanmoins, l'estimation correcte du bruit de fond s'avère souvent difficile car une mesure précise nécessite un temps de pose important. Or, les échelles de temps de variabilité (à la fois du bruit de fond et des sources) sont souvent plus courtes. En outre, un tel système n'est pas capable de faire de l'imagerie, c'est à dire il ne résout pas le problème de confusion lorsque plusieurs sources sont présentes dans le champ de vue. Pour pallier ces inconvénients, une solution consiste à utiliser des dispositifs à modulation d'ouverture qui encodent la direction d'incidence des photons de manière spatiale ou temporelle. Une ouverture à masque codée, dont le principe est détaillé dans la prochaine section, permet notamment d'atteindre des performances intéressantes. Dans le domaine des X-durs/γ-mous, un tel système a été utilisé pour la première fois sur l'instrument SIGMA de la mission GRANAT.

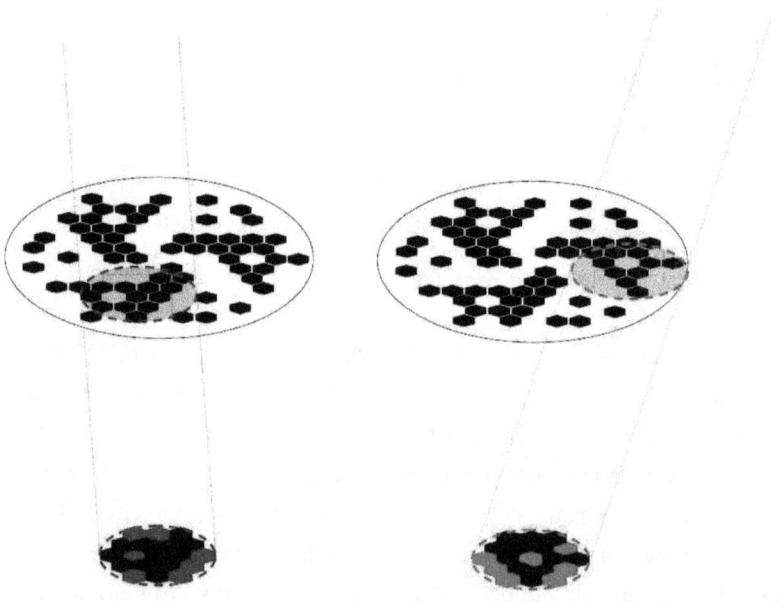

Figure 3.3 – Schéma illustrant le principe du système d'imagerie à masque codé.

3.1.2 Le télescope SIGMA et le principe du masque codé

Le télescope français SIGMA a été conçu et assemblé par le Centre d'Etude Spatiale des Rayonnements (CESR, Toulouse), le Service d'Astrophysique du Commissariat à l'Energie Atomique (Sap/CEA, Saclay) et le Centre National d'Etudes Spatiales (CNES). Il était l'instrument principal de l'observatoire spatial GRANAT, développé conjointement par l'Union soviétique et la France en collaboration avec le Danemark et la Bulgarie. Opérant dans la gamme d'énergie de 35 keV à 1,3 MeV, ce fut le premier instrument capable de réaliser des images du ciel dans cette gamme en énergie, notamment grâce au concept de masque codé. Le plan de détection était inspiré des caméras γ *Anger*, avec un scintillateur formé d'un cristal de Iodure de Sodium NaI(Tl) couplé à des photo-multiplicateurs. Un élément plastique disposé en amont protégeait le plan de détection des particules chargées et l'ensemble était entouré par un bouclier actif d'anticoïncidence en Iodure de Cesium CsI(Tl) surmonté d'un blindage passif (Pb,Ta,Sn).

Le principe du masque codé, illustré par la Figure 3.3, consiste à utiliser un système optique formé d'une mosaïque d'éléments transparents (des trous, en négligeant le support mécanique du masque) et opaques (des pavés d'un matériau à numéro atomique élevé comme le Plomb ou le Tungstène) pour engendrer une modulation spatiale des signaux (Dicke, 1968). Il s'agit d'une technique de multiplexage spatial, i.e. un système qui permet d'encoder une information relative à la direction d'incidence des photons arrivant sur le plan de détection. L'image enregistrée par le détecteur (D) correspond à l'image du ciel (C) modulée par le masque codé (M), plus le bruit de fond (B) :

$$D = C * M + B \qquad (3.1)$$

Une méthode de reconstruction est alors nécessaire pour extraire l'image du ciel. Pour y arriver, la répartition des éléments transparents et opaques n'est pas arbitraire mais doit suivre un motif précis, i.e. le système doit vérifier les deux conditions suivantes :

1. La fonction de transfert M est inversible ($\exists G/M * G = I$). Ceci permet la reconstruction unique (P) de l'image du ciel $C : P = D * G = C + B * G$. En l'absence de bruit cette reconstruction est exacte.

2. Le rapport signal sur bruit de l'image reconstruite P doit être maximum, ce

qui revient à minimiser la variance du bruit reconstruit $B * G$.

Calabro & Wolf (1968) ont montré que les masques à résidus quadratiques réalisent ces deux conditions, ouvrant ainsi la voie à l'utilisation de ce genre de dispositifs pour faire de l'imagerie. L'application des masques codés aux télescopes X date depuis la fin des années 70 où notamment Fenimore & Cannon (1978) et Proctor et al. (1979) ont élaboré des motifs adaptés. Les premiers résultats en X-dur/γ ont ensuite été obtenus par SIGMA lancé en 1989. Grâce à ses capacités d'imageur, SIGMA a permis de découvrir de nouvelles sources ainsi que de faire les premières cartes du ciel >35 keV à haute résolution (12' d'arc) (voir aussi la partie 3.2 de ce chapitre).

L'utilisation d'un masque codé a néanmoins un désavantage : il réduit la sensibilité de l'instrument de 50 %. Ceci peut s'avérer pénalisant étant donné qu'à haute énergie, l'émission des sources est déjà beaucoup plus faible que dans le domaine des rayons X. Certains instruments, comme les télescopes BATSE et OSSE à bord du *Compton Gamma Ray Observatory* (CGRO), ont donc été conçus sans masque pour favoriser la sensibilité de détection.

3.1.3 L'observatoire CGRO

Le Compton Gamma-Ray Observatory (Gehrels et al., 1993), lancé en 1991, fut l'un des quatre grands observatoires spatiaux de la NASA construits jusqu'aux années 2010. Les instruments à bord ont permis d'étudier une large gamme du spectre électromagnétique à haute énergie, centré sur les rayons γ. La partie X-dur/γ-mou était couverte par deux instruments, le *Burst and Transient Source Experiment* (BATSE) et le *Oriented Scintillation Spectrometer Experiment* (OSSE). L'observatoire fut opérationnel jusqu'à sa désorbitation en 2000.

Couvrant la bande d'énergie entre 20 keV et 2 MeV, BATSE était composé de 8 modules identiques disposés chacun sur un coin différent du satellite. Chaque module comprenait deux plans de détection : le premier présentait une grande surface favorisant la sensibilité alors que le deuxième assurait une large couverture spectrale avec une bonne résolution en énergie. Tout comme pour SIGMA, les deux plans de détection étaient formés d'un scintillateur en Iodure de Sodium (dopé au Thallium NaI(Tl)) relié à des tubes de photo-multiplication. Même s'il s'agissait d'un instrument sans collimateur dont l'objectif scientifique principal concernait l'étude des sursauts γ (Fishman et al., 1994), BATSE était capable de faire de l'imagerie grâce à la modulation des signaux sur chaque détecteur au fur et à mesure que le satellite orbitait autour de la Terre (Harmon et al., 1992; Zhang et al., 1993). Cette technique a notamment permis de faire des études spectro-temporelles de l'émission haute énergie de certaines binaires X comme par exemple Cygnus X-1 (Ling et al., 1997).

Avec une bande en énergie allant de 50 keV à 10 MeV, le télescope OSSE couvrait à peu près le même domaine spectral que le spectromètre SPI sur INTEGRAL (cf. Chapitre 4). Sa conception était pourtant assez différente, étant donné qu'il fut composé de quatre modules de détection identiques pouvant opérer de manière individuelle (Johnson et al., 1993). Chaque détecteur était constitué d'un scintillateur principal en Iodure de Sodium NaI(Tl) relié par l'arrière à un cristal d'Iodure de Césium CsI(Na). Ce deuxième scintillateur permettait de discriminer les évènements arrivant par l'arrière et jouait ainsi le rôle d'un système d'anti-coïncidence. L'ensemble était couplé à des photomultiplicateurs et protégé par un bouclier actif enveloppant le détecteur principal. Comme pour SIGMA, un scintillateur plastique positionné devant le détecteur protégeait ce dernier des particules chargées. Un collimateur en tungstène délimitait le champ de vue de l'instrument à une région rectangulaire de taille $3,8° \times 11,4°$.

La stratégie d'observation d'OSSE employait les quatre détecteurs deux par deux. L'absence de masque codé signifiait en effet qu'il fallait mesurer alternativement le signal en provenance de la source et le signal en provenance d'une région « vide » du voisinage (i.e. estimer le bruit de fond). Un détecteur prenait ainsi une pose sur la source pendant que l'autre mesurait le bruit de fond en se décalant de 4,5° de la position du premier. OSSE fut développé pour permettre des mesures sensibles dans le domaine des X-durs/γ-mous tout en garantissant une bonne résolution spectrale. Parmi les avancées apportées par OSSE figurent notamment des mesures assez précises du spectre à haute énergie de différentes binaires X à trou noir, comme Nova Persei (GRO J0422+32) (Cameron et al., 1992), Cygnus X-1 (Phlips et al., 1996) et GRS 1915+105 (Zdziarski et al., 2001).

Les deux autres instruments à bord du CGRO, le *Compton Telescope* (COMPTEL) et le *Energetic Gamma Ray Experiment Telescope* (EGRET), étaient destinés à enregistrer des rayonnements encore plus énergétiques et ne seront pas détaillés ici.

Notons cependant que COMPTEL, avec sa bande en énergie de 750 keV à 30 MeV, a apporté des informations uniques sur le spectre γ de Cygnus X-1 (McConnell et al., 2000). Plus de détails sur les résultats observationnels des instruments précédant INTEGRAL seront données plus loin dans le chapitre.

3.1.4 L'observatoire RXTE

Lancé en 1995, la mission RXTE (pour *Rossi X-ray Timing Explorer*) de la NASA était un observatoire de rayons X dédiée à l'étude de la variabilité rapide des sources astrophysiques. Sur la bande de 2 – 250 keV, RXTE disposait d'une résolution temporelle sans précédent, permettant d'étudier l'évolution des sources sur des échelles de temps allant de quelques millisecondes à plusieurs mois. L'observatoire disposait en outre d'une bonne sensibilité et d'une résolution spectrale suffisante pour mesurer les spectres avec précision. Conçu pour une durée de vie nominale de 5 ans, RXTE fut opérationnel pendant 16 ans et a fourni des données de grande qualité.

Pour permettre un suivi à long terme des sources en rayons X, RXTE était équipé de l'instrument ASM (pour *All-Sky Monitor*), un télescope à grand champ de vue qui couvre 80% du ciel toutes les 90 min. Opérationnel sur la bande 1 – 12 keV, ASM était constitué de 3 caméras à compteurs proportionnels totalisant une surface de collection de 90 cm^2.

Ensuite, la mission comportait deux instruments à faible champ de vue pour pointer les sources individuellement. Le *Proportional Counter Array* (PCA), dont la bande spectrale s'étendait de 2 – 60 keV, représentait un assemblage de 5 compteurs proportionnels à Xénon disposant chacun de deux couches d'anti-coïncidence. Il totalisait une surface de collection de 6500 cm^2, ce qui lui permettait d'atteindre une sensibilité de 0,1 mCrab. Grâce à sa bonne résolution temporelle couplée à une surface efficace importante, PCA était capable de mesurer le flux des sources fortes sur des échelles de temps de la milliseconde.

L'instrument à haute énergie de RXTE, le *High Energy X-ray Timing Experiment* (HEXTE), était comme le PCA un instrument à collimateur dont le champ de vue était limité à 1°. Ses deux grappes de détecteurs à scintillation en cristaux NaI/CsI (montage phoswich) furent optimisées pour détecter les rayons X-durs entre 15 – 250 keV, avec une résolution temporelle de 8 ms. Les détecteurs pouvaient se décaler de 1,5° ou de 3° de la position de la source pour mesurer la contribution du bruit de fond.

3.1.5 Avenir de l'astronomie X-dur/γ

Depuis la fin des années 70, le domaine des rayons X (1 – 10 keV) a connu un essor remarquable grâce à l'emploi de techniques de focalisation du rayonnement (Aschenbach, 1985). En effet, un assemblage de miroirs à incidence rasante (de type Wolter I) permet de collecter les photons X sur une surface de grande dimension et de les concentrer par réflexion sur un détecteur de petite taille. Cette technique a permis d'améliorer considérablement la sensibilité des instruments X avec un gain de plus d'un facteur 100 entre les missions précédentes et EIN-STEIN, le premier observatoire spatial à utiliser ce principe. De plus, grâce à la focalisation, EINSTEIN a été la première mission capable d'imager les structures étendues qui émettent en rayons X, avec une résolution angulaire de l'ordre de quelques arc-secondes.

En revanche, pour des énergies dépassant la dizaine de keV, la focalisation du rayonnement s'avère plus difficile. L'incidence devant être de plus en plus rasante à énergie croissante, la distance focale requise augmente rapidement avec l'énergie des photons incidents. Un instrument capable de focaliser des photons de plus de 50 keV a besoin d'une focale supérieure à 10 m, ce qui représente un défi majeur compte tenu des contraintes spatiales. Aujourd'hui (i.e. en l'an 2011), au bout de plusieurs années de recherche et de développement, les ingénieurs ont trouvé des solutions pour relever ce défi : les futures missions X-durs tels NuStar et Astro-H utiliseront un mât télescopique pour éloigner le système optique du module de détection, tout en assurant la stabilité de l'ensemble. Il semble possible d'atteindre ainsi des énergies de 200 – 300 keV.

Au-delà, malgré l'avancement d'un certain nombre de projets dont notamment la lentille γ porté par une équipe du CESR (von Ballmoos et al., 2005), la communauté devra patienter encore quelques années avant de disposer d'un instrument capable de focaliser les rayons dans le domaine γ, i.e. >500 keV.

3.2 Résultats observationnels de l'ère pré-INTEGRAL

Au cours des années 90, les observatoires GRANAT, CGRO et RXTE ont révolutionné notre vision du ciel à haute énergie. Dans le domaine des binaires X, les observations réalisées par les instruments présentés plus haut ont apporté des informations précieuses sur la variabilité spectrale et temporelle des systèmes. L'interprétation de ces informations a permis d'améliorer les modèles d'accrétion et de mieux contraindre les mécanismes physiques responsables des phénomènes observés. La présente section dressera un aperçu des résultats majeurs de cette période, considérée comme l'âge d'or de l'astronomie X-dur/γ-mou.

3.2.1 Les systèmes à trou noir

Nouvelles découvertes et comportement temporel

Parmi les binaires X, les cibles les plus intéressantes pour les instruments X-dur/γ sont les systèmes à trou noir (ou candidat trou noir). Par rapport aux systèmes à étoile à neutrons, ils présentent en moyenne des spectres plus durs et une luminosité plus importante au-delà de 20 keV (White et al., 1988; Barret et al., 1996). Ainsi, plusieurs sources de cette catégorie ont été découvertes par les instruments à bord de GRANAT, CGRO et RXTE, comme par exemple GRS 1915+105 (Castro-Tirado et al., 1992), GRO J0422+32 (Paciesas et al., 1992) et XTE J1550–564 (Smith, 1998).

Grâce à ses capacités de moniteur, BATSE fut le premier instrument qui permit d'étudier l'évolution à long terme de plus d'une douzaine d'entre eux. Cette étude a montré que le comportement temporel au-dessus de 20 keV sépare les binaires X à trou noir en trois sous-classes (Grove, 1999) :

> ➤ Les sources persistantes : elles sont caractérisées par une émission continue au-dessus de 20 keV dont l'intensité peut cependant varier de plusieurs ordres de grandeur sur diverses échelles de temps. Parmi les sources persistantes figurent p.ex. Cygnus X-1, 1E1750.7– 2942 et GRS 1758–258.

> ➤ Les sources épisodiques : aussi appelées SLTs (pour *Slow Rise Transients*, Harmon et al. 1994), elles sont caractérisées par des épisodes récurrents de forte activité (les sursauts ou *outbursts* en anglais), séparés par des phases de quiescence. Les sursauts majeurs sont généralement lumineux, assez

similaires en intensité et peuvent durer plusieurs années. Pendant les phases de quiescence, souvent assez longues elles aussi, le flux >20 keV n'est plus détectable. GX 339–4, GRS 1915+105 et GRO J1655–40 sont des représentants de cette catégorie.

➢ Les novae-X : aussi parfois appelés SXRTs (pour *Soft X-Ray Transients*) ou FREDS (pour *Fast Rise Exponential Decay Sources*, Grove et al. 1998), elles sont caractérisées par des sursauts moins fréquents et de durée plus courte. La courbe de lumière typique d'un sursaut d'une nova-X présente une montée relativement rapide (de l'ordre de quelques jours) et une décroissance plus ou moins exponentielle dont la durée typique est de l'ordre d'un mois. De plus, des maxima secondaires sont souvent observés lors de la décroissance graduelle du flux. Les novae-X les plus étudiées sont GS 2023+338 (X-Nova Cyg 1989), GS/GRS 1124–68 (X-Nova Mus 1991) et GRO J0422+32 (X-Nova Per 1992).

Comme indiqué au premier chapitre, ces différences peuvent s'expliquer par la nature de l'étoile compagnon et la taille de séparation de la binaire. Ces deux aspects ont une influence importante sur la température (i.e. la stabilité, cf. section 1.3.2) du flot d'accrétion et déterminent ainsi le comportement à long terme de l'émission X/γ (van Paradijs, 1996; King et al., 1996; Dubus et al., 1999).

A la fin des années 90, avec la découverte de plus en plus de sources dont les sursauts avaient des formes et des durées variées, la sous-classification entre sources épisodiques et novae-X a progressivement été abandonnée, si bien qu'aujourd'hui on distingue simplement entre sources transitoires et sources persistantes.

Continuum à haute énergie

En ce qui concerne la caractérisation et la modélisation du continuum à haute énergie, Cygnus X-1 est la binaire à trou noir par excellence. Les états spectraux canoniques (cf. Chapitre 2) ont en effet été définis à partir du comportement bimodal de cette source. SIGMA a observé seulement l'état dur de Cygnus X-1 et mesuré un spectre qui s'étend au moins jusqu'à 500 keV, caractérisé par une loi de puissance dure ($\Gamma \simeq 2,0$) à coupure exponentielle à haute énergie (Salotti et al., 1992). Un tel spectre peut s'expliquer par un processus de Comptonisation thermique (Titarchuk, 1994), i.e. des interactions Compton inverses entre une distribution Maxwellienne d'électrons chauds de la couronne (cf. Chapitre 2) et un champ de photons mous issus du disque d'accrétion. La somme d'un grand nombre d'observations pointées d'OSSE a montré que le spectre de l'état dur de Cygnus X-1 s'étend au moins jusqu'à ∼1 MeV (Phlips et al., 1996).

En 1996, Cygnus X-1 a quitté l'état dur et OSSE a pu étudier le spectre de l'état mou, bien décrit par une loi de puissance à pente plus molle ($\Gamma \simeq 2,5$) qui s'étend sans coupure apparente jusqu'à plus de 800 keV. Un tel spectre peut s'expliquer par un processus de Comptonisation non-thermique, i.e. des interactions Compton inverses faisant intervenir des électrons distribués en loi de puissance (Dermer et al., 1996; Li & Miller, 1997). Une distribution Maxwellienne, en revanche, n'est pas capable d'expliquer le spectre à haute énergie de l'état mou.

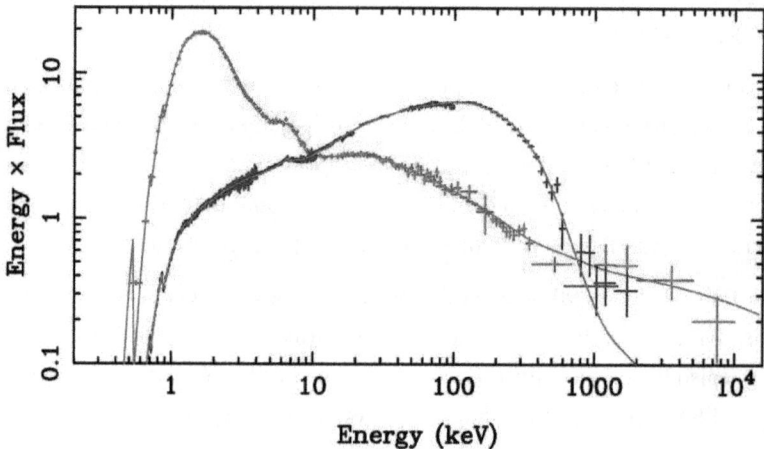

Figure 3.4 – Distribution spectrale bimodale de Cygnus X-1. Les spectres rouge et bleu représentent les états canoniques, respectivement l'état à loi de puissance et l'état à cassure. La figure est tirée de Zdziarski et al. (2004) et les données proviennent de Gierlinski et al. (1999) pour l'état mou et de McConnell et al. (2000) pour l'état dur.

En réunissant les résultats de SIGMA, BATSE et OSSE avec des données simultanées à plus basse énergie (issues des observatoires Ginga, ASCA et RXTE par exemple), la communauté a pu utiliser des modèles de plus en plus sophistiqués pour expliquer les deux spectres canoniques, incluant notamment la réflexion des photons X-durs par le disque d'accrétion (George & Fabian, 1991; Magdziarz &

Zdziarski, 1995) et la présence d'électrons non-thermiques dans la couronne (Coppi, 1992). Dans le cadre des modèles de Comptonisation thermique, Gierlinski et al. (1997) et Ling et al. (1997) ont montré que la partie haute énergie du spectre de l'état dur est incompatible avec population unique d'électrons, mais nécessite des populations à deux températures différentes. Une étude similaire de l'état mou (Gierlinski et al., 1999) a permis de discuter la géométrie du flot d'accrétion dans cet état et mis en évidence que l'émission haute énergie peut être attribuée à une population hybride d'électrons (i.e. thermique et non-thermique). Une analyse des données COMPTEL a finalement révélé que le spectre de Cygnus X-1 s'étend au-delà du MeV (McConnell et al., 2000). McConnell et al. (2002) ont étudié les spectres large bande (0,5 keV – 10 MeV) des deux états canoniques à l'aide d'un modèle physique auto-cohérent (Coppi, 1999). Ils ont montré entre autre que la partie haute énergie du spectre de l'état dur pouvait, elle aussi, s'expliquer par la présence d'une fraction d'électrons non-thermiques dans la couronne.

Parallèlement, SIGMA, OSSE et COMPTEL ont pu mesurer la partie haute énergie des spectres d'autres systèmes binaires à trou noir ou candidat trou noir. En comparant les résultats obtenus pour une petite dizaine de sources[6], Grove et al. (1998) ont identifié deux états spectraux dans le domaine γ-mou qui sont observés de manière récurrente :

1. L'état dit *à cassure* : cet état présente un continuum Comptonisé à pente dure (i.e. avec un indice spectral typique de $\Gamma \simeq 1,5 - 2,0$) et une coupure exponentielle entre 50 – 150 keV. Il coïncide avec l'absence d'une forte composante thermique à basse énergie et peut donc être identifié avec l'état dur.

2. L'état dit *à loi de puissance* : cet état présente un spectre en loi de puissance à pente relativement molle (i.e. avec un indice spectral typique de $\Gamma \simeq 2,5 - 3,5$) sans aucun signe de coupure à haute énergie. Sur certaines sources, la loi de puissance est détectée au-delà de 511 keV mais de manière générale, le

---

[6] dont GX 339–4 et GRS 1915+105.

spectre ne présente pas de raie d'annihilation visible[7]. En raison de la présence d'une forte composante thermique en rayons X, l'état à loi de puissance s'apparente avec l'état mou ou l'état très intense.

De manière évidente, cette classification est cohérente avec le comportement bimodal de Cygnus X-1, ce qui explique le caractère représentatif des spectres de cette source (cf. Figure 3.4).

Les modèles d'accrétion

La variabilité du spectre à haute énergie, observée dans la plupart des systèmes à trou noir, a suscité beaucoup d'intérêt dans la communauté. De nombreux travaux ont été consacrés à dégager des modèles capables d'expliquer ce phénomène de manière cohérente. Ces modèles tentent de déterminer la nature du flot d'accrétion interne, les processus d'émission ainsi que les mécanismes de chauffage impliqués. Le paradigme standard, présenté au chapitre 2, stipule que le spectre de l'état dur est produit par un flot radiativement inefficace, de type ADAF, qui chauffe les électrons par collisions, i.e. de manière thermique. En revanche, le spectre de l'état mou suggère la présence d'une population d'électrons non-thermiques, i.e. la nécessité que les particules soient accélérés.

Pourtant, certaines sources montrent des comportements qui remettent en question ce paradigme. La partie la plus énergétique du spectre des états durs lumineux semble incompatible avec les lois d'une simple Comptonisation thermique (i.e. selon le modèle de Sunyaev & Titarchuk, 1980). Comme mentionné plus haut, cette déviation peut être expliquée par une deuxième population Maxwellienne d'électrons plus chauds (Gierlinski et al., 1997; Ling et al., 1997), ou de manière alternative, par la présence d'une faible fraction d'électrons non-thermiques (McConnell et al., 2002). Notons cependant qu'une émission au-delà du MeV, qui a été observé pour l'état dur de Cygnus X-1 (McConnell et al., 2000), est difficilement conciliable avec un processus de Comptonisation thermique.

Dans le cadre d'un plasma à deux températures (de type ADAF, cf. section 2.2.2), les protons chauds peuvent aussi jouer un rôle dans la production de cette

---

[7] remarquons cependant que des raies d'annihilation ont été rapportées pour les sources 1E 1740.7-2942 (Bouchet et al., 1991) et Nova Muscae (Goldwurm et al., 1992).

composante supplémentaire. En effet, Jourdain & Roques (1994) ont remarqué que la décroissance des pions neutres produits par interactions proton-proton peut créer une population de paires e^+e^-. Le rayonnement inverse Compton produit par ces particules peut expliquer les excès qui sont observés au-dessus de 200 keV dans certaines sources comme p.ex. Cygnus X-1, GX 339–4 et GRO J0422+32 (Johnson et al., 1993; Roques et al., 1994). Pour des résultats plus récents à ce sujet, nous renvoyons le lecteur à (Bhattacharyya et al., 2006).

Enfin, Laurent & Titarchuk (1999) ont proposé un modèle de Comptonisation dynamique qui prend en compte le mouvement de chute libre des électrons sur le trou noir dans les régions les plus internes du flot ($R \leq 3R_G$), au-delà de la dernière orbite stable. Ce modèle, appelé BMC (pour *Bulk Motion Comptonization* en anglais), produit des spectres similaires aux modèles de Comptonisation thermique standard (de type Sunyaev & Titarchuk, 1980), avec toutefois un excès à haute énergie. Des calculs plus récents (Niedzwiecki & Zdziarski, 2006) ont cependant montré que ce mécanisme n'est pas suffisant pour expliquer les spectres de Cygnus X-1, puisque le modèle prédit une coupure trop basse pour être en accord avec les observations d'OSSE et de COMPTEL.

3.2.2 Les systèmes à étoile à neutrons

De manière générale, le spectre des binaires X à étoile à neutrons présente une coupure qui se situe à plus basse énergie (souvent $\lesssim$ 30 keV), si bien que la présence d'une composante $\gtrsim$100 keV fût soupçonnée d'être une caractéristique exclusive des systèmes à trou noir. Cette vision a changé lorsque les observations de SIGMA puis de BATSE ont révélé que les *bursters* X, une sous-classe des binaires X à étoile à neutrons, présentent eux aussi une composante à haute énergie pouvant dépasser les 100 keV (Barret & Vedrenne, 1994; Harmon et al., 1996).

Par définition, les bursters X sont caractérisés par une courbe de lumière en rayons X qui montre des sursauts du flux d'intensité et de période relativement régulières. On interprète ce phénomène par l'explosion thermonucléaire d'une couche de matière non-dégénérée située à la surface de l'étoile à neutrons. En effet, contrairement aux systèmes à trou noir, le gaz accrété ne peut pas « disparaître » derrière l'horizon mais s'accumule à la surface de l'étoile à neutrons. Lorsqu'un certain seuil de température et de pression est dépassé, les réactions de fusion deviennent instables et s'emballent, ce qui déclenche le sursaut. La détection de sursauts de ce type constitue donc un moyen fiable pour déterminer la nature de l'objet compact dans une binaire X.

L'émission du sursaut est bien décrite par un modèle d'émission thermique[8] et ne s'étend guère au-delà de 30 keV. De plus, la durée d'un sursaut est très petite devant la période ; la composante à haute énergie, observée de manière persistante, est donc indépendante des sursauts. En revanche, elle peut être attribuée au flot d'accrétion. En effet, l'émission persistante des bursters X qui ont été détectés à haute énergie montre des caractéristiques qui ressemblent fortement à celles des états durs des trous noirs : l'émission au-delà de 30 keV, phénoménologiquement décrite par une loi de puissance à coupure exponentielle, peut être attribuée à un processus de Comptonisation thermique. Les bursters X soulèvent donc les mêmes questions que les états durs des trous noirs, notamment celles des propriétés du flot d'accrétion interne (géométrie, structure, stabilité etc...)

La similitude des phénomènes observés pour des sources de nature différente indique que l'émission de photons à haute énergie est un aspect universel de l'accrétion sur un objet compact. Même si beaucoup de progrès ont été faits au cours de la dernière décennie, nos connaissances sur la physique qui gouverne les régions où ces photons sont produits restent lacunaires.

---

[8] plus précisément, les spectres observées sont bien ajustés par un modèle de corps noir Comptonisé par des électrons thermiques de température relativement faible, ce qui donne au spectre une forme de corps noir légèrement étirée vers les hautes énergies.

4. La mission INTEGRAL

Ce chapitre est dédié à la présentation de la mission INTEGRAL de l'ESA. Notre attention sera dirigée vers le spectromètre SPI, l'instrument qui a permis d'obtenir les résultats présentés dans les chapitres suivants. Nous décrirons les caractéristiques techniques de l'instrument et détaillerons les méthodes de traitement de données utilisées.

4.1 Présentation générale

INTEGRAL, pour *INTErnational Gamma-Ray Astrophysics Laboratory*, est un observatoire spatial conçu pour l'étude du rayonnement X-dur/γ-mou (Winkler et al., 2003). Lancé en 2002, INTEGRAL est une mission de l'agence spatiale européenne (ESA) développée en collaboration avec l'agence spatiale russe (RKA/FKA) et la NASA. Les deux instruments principaux, l'imageur IBIS et le spectromètre SPI, sont optimisés pour conjointement apporter une sensibilité inégalée et une résolution spectrale sans précédent dans la gamme d'énergie entre 15 keV et 10 MeV. Deux instruments supplémentaires, le moniteur X Jem-X et le télescope optique OMC, assurent un suivi à d'autres longueurs d'onde des sources d'émission X-dur/γ-mou observées par INTEGRAL. En 2012, l'observatoire INTEGRAL reste l'outil le plus performant jamais développé pour sonder l'Univers au-delà de 100 keV.

4.1.1 Objectifs scientifiques

La mission INTEGRAL se destine à explorer de manière approfondie les sites astrophysiques qui émettent du rayonnement X-dur/γ-mou. Un premier objectif de la mission consiste à établir une carte répertoriant la position précise de toutes les sources qui émettent au-delà de 20 keV. Leurs propriétés seront ensuite étudiées individuellement afin de les classifier et d'améliorer nos connaissances sur les mécanismes d'émission dont elles sont le siège.

Dans le domaine Galactique, la mission permet l'étude des binaires X, des pulsars et de leur nébuleuse ainsi que des rémanents de supernova. INTEGRAL est optimisé pour étudier les raies d'émission γ produites lors de la formation d'éléments lourds dans les supernovæ et les rayonnements non-thermiques produits par l'accélération de particules dans les plasmas magnétisés. L'étude approfondie de l'annihilation entre matière et antimatière qui a lieu au sein de notre Galaxie représente également un objectif majeur de la mission.

Dans le domaine extragalactique, les cibles principales sont les noyaux actifs de galaxies (AGN pour *Active Galactic Nuclei*). Certains d'entre eux (comme les *blazars* par exemple) ont été détectés à très haute énergie par EGRET sur CGRO (cf. section 3.1.3), mais leur propriétés en X-dur/γ-mou restent assez mal connues du fait de leur flux souvent faible. Par ailleurs, la mission permet l'étude de l'émission des particules relativistes confinées dans les amas de galaxies ainsi que la détection et le suivi en temps réel des sursauts γ.

4.1.2 Lancement et organisation de la mission

La mission INTEGRAL a été sélectionnée en juin 1993 par le Comité du Programme scientifique de l'ESA. De par son coût de développement et de construction, il s'agit d'une mission de taille moyenne qui s'intègre au programme *Horizon 2000* de l'ESA. Le véhicule spatiale utilisé est identique à celui de la mission XMM-Newton et fût lancé le 17 octobre 2002 à bord d'une fusée de type Proton-DM2 depuis le cosmodrome de Baïkonour au Kazakhstan. La phase d'étalonnage a duré deux mois et demi et le programme scientifique a commencé en janvier 2003. Aujourd'hui, au bout de dix ans de service, INTEGRAL est toujours opérationnel et continue à fournir des relevés du ciel à haute énergie.

D'un point de vue scientifique, la mission repose sur l'opération simultanée du télescope IBIS (*Imager on Board of the INTEGRAL Satellite*, Ubertini et al. 2003), chargé de fournir des images à haute résolution angulaire et du spectromètre SPI (*SPectrometer for INTEGRAL*, Vedrenne et al. 2003), optimisé pour les mesures à haute résolution spectrale. Pour étoffer les capacités de l'observatoire, INTEGRAL comprend deux instruments additionnels, à savoir JEM-X (*Joint European Monitor*,

Lund et al. 2003) dont les deux détecteurs X permettent un suivi des sources dans la bande 3 – 35 keV et OMC (*Optical Monitor Camera*, Mas-Hesse et al. 2003), une caméra dédiée au relevé dans le visible (550 – 850 nm). La Figure 4.1 donne une représentation schématique du satellite en précisant l'emplacement des quatre instruments.

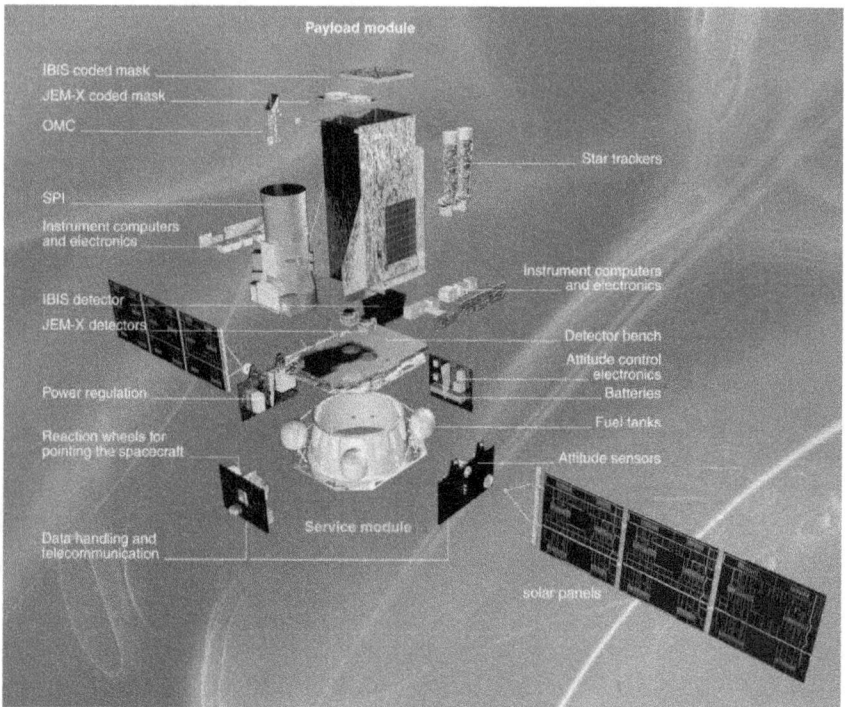

Figure 4.1 – Vue explosée du satellite INTEGRAL. La hauteur totale du satellite atteint quatre mètres pour un poids total de quatre tonnes. La moitié de sa masse est dédiée à sa charge utile que constituent les quatre instruments SPI, IBIS, JEM-X et OMC. Crédits image ESA.

Plusieurs unités de contrôle et d'exploitation ont été mises en place pour gérer au mieux le bon fonctionnement et l'exploitation scientifique de la mission. D'abord il y a l'ISOC (pour *INTEGRAL Science Operations Centre*), organisme rattaché à l'ESAC[9] à Villanueva de la Cañada (près de Madrid en Espagne), qui est

---

[9] pour *European Space Astronomy Centre.*

responsable pour la définition des opérations scientifiques de la mission. L'ISOC décide en particulier de la configuration des instruments, de la mise en œuvre des programmes d'observation et du *planning* scientifique à long terme de la mission. Ensuite il y a le MOC (pour *Mission Operation Center* situé à l'ESOC[10] à Darmstadt en Allemagne) qui réceptionne les données brutes par l'intermédiaire de deux stations de contrôle situées en Belgique et aux Etats-Unis. Le MOC transfère les données à l'ISDC (pour *INTEGRAL Science Data Center*, Courvoisier et al. 2003), organisme chargé de gérer la préparation et la distribution des données scientifiques, et aux instituts PI des différents instruments. Les données brutes de SPI arrivent donc directement au Centre d'Etude Spatiale des Rayonnements (CESR, désormais IRAP[11], Toulouse) où elles subissent une étape de « *preprocessing* ».

4.1.3 Orbite du satellite et stratégie d'observation

Le satellite INTEGRAL a été lancé sur une orbite de transfert très excentrique, avec une altitude au périgée de seulement 650 km pour une altitude à l'apogée de 152'000 km. Au cours de la 3e, 4e et 5e révolution, l'orbite a successivement été circularisée en augmentant l'altitude du périgée jusqu'à atteindre son altitude nominale de 9000 km. Une petite correction ramenant l'apogée à 153'000 km permit enfin d'atteindre l'orbite finale qui est parfaitement synchrone avec une période de 72 h. Grâce à l'excentricité de l'orbite ($a = 0,82$), INTEGRAL passe ainsi plus de 80 % du temps au-dessus d'une altitude de 60000 km, ce qui présente plusieurs avantages. En effet, le satellite minimise ainsi la durée des passages dans les ceintures de radiation de la Terre en évitant totalement la ceinture des protons. Cette dernière condition garantit un environnement stable pour les opérations scientifiques. Aussi, une altitude importante favorise la communication avec les stations de contrôle, sachant que la couverture télémétrique est totale au-dessus d'une altitude de 40'000 km. Au cours des années, l'orbite d'INTEGRAL s'est légèrement modifiée en raison des perturbations naturelles dues au Soleil, à la Terre et à la Lune ; cette évolution est toutefois favorable par rapport aux contraintes évoquées plus haut.

---

[10] pour *European Space Operations Centre*.
[11] pour Institut de Recherche en Astrophysique et Planétologie.

La mission INTEGRAL est en service depuis plus de 10 ans maintenant. Les deux ressources vitales du satellite, à savoir les ergols pour les manœuvres orbitales et la puissance électrique délivrée par les panneaux solaires, permettent de maintenir la mission opérationnelle jusqu'au moins en 2015.

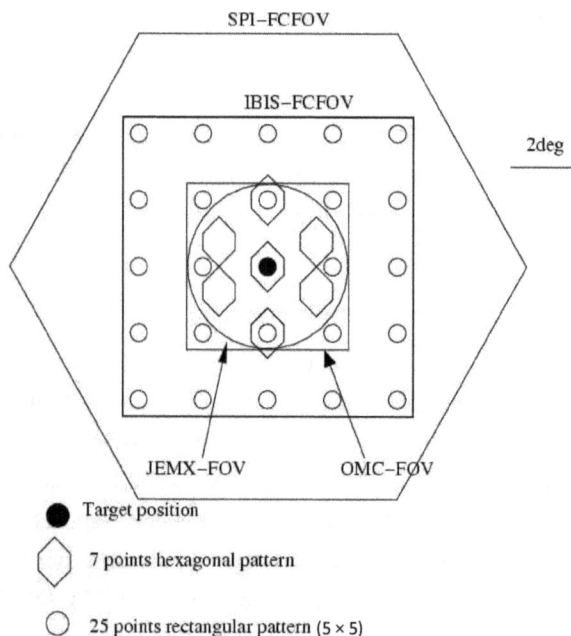

Figure 4.2 – Illustration des deux motifs d'observation (dither patterns) mis en place pour la mission INTEGRAL. Le motif 5 × 5 permet d'avoir de meilleurs résultats avec SPI et IBIS alors que le motif hexagonal est adapté aux champs de vue de JEM-X et OMC.

La stratégie d'observation d'INTEGRAL est dictée par les besoins des instruments à masque codé IBIS et SPI. Le spectromètre SPI, qui sera présenté en détail à la section suivante, nécessite une technique d'observation particulière afin de maintenir une bonne sensibilité. En effet, le plan de détection de SPI est composé de (seulement) 19 détecteurs individuels dont chacun enregistre les évènements (dépôts d'énergie dans le détecteur) de manière indépendante. Sur une pose donnée, il est alors difficile de séparer la contribution des sources de celle du bruit de fond car le système d'équations est sous-déterminé. Pour s'affranchir de ce problème (i.e. pour avoir au moins autant d'équations que d'inconnues, cf. sections 3.1.2 et 4.3.4), il est nécessaire d'augmenter le nombre de poses en décalant légèrement le centre du champ de vue. La technique d'observation d'INTEGRAL, appelée *dithering* (Jensen et al., 2003), consiste donc à appliquer un motif de pointages régulièrement espacés entre eux autour de la cible principale. Chaque pointage, appelé aussi *Science Window* (SCW), a un temps de pose fixe d'une durée typique de 2000 secondes et les déplacements entre deux pointages successifs durent typiquement 360 secondes. Pour INTEGRAL, deux motifs différents sont prévus (cf. Figure 4.2) :

- un motif carré 5 × 5, centré sur la position de la cible d'observation (i.e. 1 pointage sur l'axe de la cible et 24 pointages décalés entre eux de 2° formant deux carrés imbriqués). Ce motif est optimal pour observer des champs de vue qui contiennent plus d'une source ponctuelle.

- un motif hexagonal centré lui aussi sur la position de la cible (i.e. 1 pointage sur l'axe de la cible et 6 pointages disposés sous forme d'un hexagone régulier autour). Ce motif est utilisé pour l'observation d'une source ponctuelle forte lorsqu'aucune contribution secondaire n'est attendue. Néanmoins, ce genre de situation est assez rare et SPI fournit en général de meilleurs résultats avec le motif 5 × 5.

4.2 Le spectromètre SPI

Comme mentionné plus haut, le spectromètre SPI (Vedrenne et al., 2003) est l'un des deux principaux instruments de l'observatoire INTEGRAL. Sélectionné pour fournir une résolution spectrale sans précédent dans le domaine des X-durs/γ-mous, l'instrument fait preuve d'une bonne sensibilité à haute énergie ainsi que d'une réponse instrumentale stable dans le temps (Jourdain & Roques, 2009). SPI a été conçu et réalisé grâce à une collaboration internationale de différents instituts, sous la responsabilité du CESR et la maîtrise d'œuvre de l'agence spatiale française (CNES). La Figure 4.3 (gauche) montre une vue détaillée de l'instrument et de ses différents éléments constitutifs, dont les principaux seront décrits dans les paragraphes suivants.

Figure 4.3 – *Gauche* : Vue détaillée de la structure du spectromètre SPI. *Droite* : Photo de l'instrument lors de la phase de calibration en laboratoire.

4.2.1 La caméra γ

La caméra γ (cf. figure 4.4), développée sous la responsabilité de G. Vedrenne puis J.P. Roques au CESR à Toulouse, représente le cœur du spectromètre. Elle est formée d'un assemblage hexagonal de 19 détecteurs à semi-conducteur de type n, en Germanium ultra-pur, formant une surface géométrique de détection de 508 cm^2. Chaque détecteur individuel, épais d'à peu près 7 cm, est lui aussi de forme hexagonale afin de minimiser le volume occupé par l'assemblage. Pour tirer profit au maximum des qualités spectroscopiques des cristaux de Germanium, il est nécessaire de refroidir les détecteurs. Un système cryogénique actif est intégré à l'instrument afin de garder la température du plan de détection constamment autour de 80 K. Ceci permet notamment d'atteindre la résolution spectrale nominale, qui est de 2,5 keV à 1,3 MeV, soit $\Delta E / E = 2,0 \times 10^{-3}$. La caméra γ de SPI fournit ainsi des mesures spectrales plus de 20 fois plus précises que les instruments précédents (OSSE, SIGMA, cf. Chapitre 3) qui fonctionnaient dans cette gamme en énergie.

Figure 4.4 – Le plan de détection de SPI, formé de 19 détecteurs en Germanium ultra-pur.

Le principe de fonctionnement d'un détecteur à semi-conducteur est basé sur la collection des porteurs de charge libérés lors de l'interaction du photon incident avec la matière. En effet, quel que soit le type d'interaction (effet photoélectrique, effet Compton ou effet de paire, cf. section 3.1.1), l'absorption du photon se traduit par la création d'un grand nombre de paires électron-trou dans le semi-conducteur. Le détecteur étant sous haute tension, les porteurs de charge sont rapidement acheminés vers les électrodes et donnent lieu à un signal électrique. Après amplification et mise en forme du signal par un système électronique analogique, l'amplitude de l'impulsion mesurée permet de revenir sur l'énergie de l'évènement.

Comme l'énergie déposée est proportionnelle aux nombres de porteurs de charges collectés, la résolution spectrale du dispositif dépend de l'énergie minimale nécessaire à créer une paire électron-trou dans le semi-conducteur. Cet aspect justifie le choix du Germanium pour la caméra γ de SPI : le seuil de création électron-trou est d'environ 3 eV, ce qui signifie qu'un photon de 100 keV, s'il est totalement absorbé, va libérer 3×10^4 porteurs de charge de chaque type. En refroidissant le détecteur en dessous de 100 K, le bruit de fond thermique est fortement réduit et la précision de la mesure de l'énergie d'un photon incident est théoriquement ultra fine. Néanmoins, la résolution spectrale dépend aussi des fluctuations du courant de fuite qui traverse le détecteur, effet qui limite les performances à basse énergie (Paul et al., 2001).

La caméra γ de SPI est exposée à un fort flux de particules énergétiques qui dégradent les performances des détecteurs. Leur impact génère des sites de piégeage des porteurs de charges ce qui modifie localement la structure des niveaux d'énergie du semi-conducteur. En conséquence, la réponse impulsionnelle des détecteurs est déformée au fil du temps et la précision des mesures s'en trouve réduite. Pour arriver à garder un niveau de performance plus ou moins constant à long terme, une stratégie de recuit (« *annealing* » en anglais) des détecteurs a été mise en place (Leleux et al., 2003) : en portant le Germanium à 10^5 °C pendant un certain temps, l'agitation thermique accrue permet de réordonner le cristal qui retrouve ainsi ses qualités nominales. Une telle procédure est effectuée deux fois par an et dure entre trois et dix jours, en fonction du niveau de dégradation du plan de détection.

Figure 4.5 – Le masque codé en Tungstène utilisé pour l'imagerie avec SPI.

4.2.2 Les autres systèmes de SPI

Le masque codé

Pour doter l'instrument d'une capacité d'imagerie raisonnable, une ouverture à masque codé est associée à la caméra γ. Le masque est fabriqué en Tungstène avec une épaisseur des éléments opaques de 3 cm, ce qui représente un bon compromis entre poids et opacité à haute énergie. Il a été développé sous la responsabilité de F. Sanchez à l'université de Valencia en Espagne. Le principe de fonctionnement du dispositif est rappelé à la section 3.1.2 et la Figure 4.5 montre le masque qui a été utilisé sur SPI.

L'ACS

Un système d'anti-coïncidence actif (ACS pour *Anti-Coïncidence Shield*) est disposé autour des détecteurs afin de réduire le bruit de fond provoqué par les rayons cosmiques qui peuvent interagir avec les matériaux du télescope. Constitué de 4 unités de cristaux d'oxyde de Bismuth-Germanium (BGO) formant un bouclier actif, ce système permet d'émettre un signal veto lorsqu'une interaction a eu lieu quasi-simultanément dans l'ACS et les détecteurs. L'ACS a été développé sous la responsabilité de G. Lichti et A. von Kienlin au MPE à Garching en Allemagne. Le masque codé et la partie supérieure de l'ACS, distants de 70 cm (cf. Figure 4.3), définissent ensemble le champ de vue de SPI. Ce dernier se décline en deux catégories, en fonction du codage (total ou partiel) du ciel. Le champ de vue totalement codé (FCFOV pour *Fully Coded Field Of View*), défini par la région du ciel qui éclaire l'ensemble du plan de détection, mesure 16° × 16°. Avec 1,7 m de distance entre le masque et la caméra, le dispositif d'imagerie de SPI fournit une résolution angulaire de 2,5°.

La PSD

Un système électronique basé sur la discrimination par la forme des impulsions (PSD pour *Pulse Shape Discrimination*) a été mis en place pour tenter de réduire le bruit de fond. Ce système vise à distinguer les évènements provoqués par certaines décroissances radioactives de ceux provoqués par les rayons γ, suite à une analyse de forme du signal électronique associé. Toutefois, l'importance de l'effet a été surestimé si bien qu'en pratique le système PSD n'a pas permis d'améliorer la sensibilité du télescope.

Les étages électroniques

L'instrument comprend une électronique spécifique adaptée à l'environnement spatial[12]. Les signaux délivrés par les préamplificateurs reliés au plan de détection sont filtrés et mis en forme par un dispositif analogique (AFEE pour *Analogue Front End Electronics*). Ensuite, un deuxième étage digital (DFEE pour *Digital Front End Electronics*) permet de relier les informations issues des différents sous-systèmes, notamment l'éventuel signal veto de l'ACS et le résultat de l'analyse PSD. Aussi, la DFEE gère les temps d'arrivée des différents dépôts d'énergie et détermine la classification de chaque évènement selon le nombre de détecteurs impliqués : les évènements qui se sont produits dans un seul détecteur sont appelés des évènements simples (SE pour *Single detector Events*) et ceux ayant provoqué un dépôt d'énergie dans deux ou plusieurs détecteurs sont référencés comme des évènements multiples (ME pour *Multiple detector Events*). L'origine physique est les conséquences au niveau du traitement de données des différents types d'évènements seront abordés dans la prochaine section.

4.3 Traitement des données SPI

En raison du système d'imagerie à masque codé, les mesures réalisées par SPI ne fournissent pas des images directes du ciel. De plus, les évènements enregistrés par le plan de détection sont pour la plupart dus au bruit de fond ; l'estimation correcte du flux d'une source dans une bande d'énergie donnée est donc loin d'être triviale. Pour y arriver, une chaîne de traitement informatique a été mise en place, processus dont le perfectionnement est de première importance car la qualité des résultats en dépend. Dans cette partie nous décrirons les principes du traitement de données ainsi que les méthodes utilisées, en insistant sur leurs points forts et/ou faiblesses respectives.

4.3.1 Format et préparation des données

Via le MOC, les données enregistrées par l'instrument sont transférées aux serveurs du CESR en temps réel. Elles sont séparées en deux catégories : la première contient les données proprement dites (appelée TM pour *TeleMetry*) alors que la deuxième regroupe les données auxiliaires (appelée ANC pour *ANCillary*). Suite à une étape de prétraitement effectuée dès l'arrivée, les données TM sont

---

[12] également développée par l'équipe INTEGRAL au CESR (IRAP).

réparties en trois classes : les données TeHK (pour *Technical HouseKeeping*), les données ScHK (pour *Scientific HouseKeeping*) et les données SD (pour *Scientific Data*).

Les données SD, les seules qui nous intéressent ici, sont à nouveau séparées en deux classes : elles regroupent les *Onboard Spectra* et les *Events*. Les fichiers *Events* contiennent les informations nécessaires à la reconstruction des spectres, à savoir le numéro de canal instrumental (information qui permettra de remonter à la quantité d'énergie déposée), le numéro de détecteur (ou pixel) et le temps d'arrivée de chaque évènement. A ce stade, la considération des données ANC permet de rejeter les évènements anormaux ou erronés. Pour chaque pointage, les évènements valides (i.e. les coups) sont ensuite sommés par numéro de canal et par détecteur afin d'obtenir l'histogramme de leur distribution.

La prochaine étape consiste alors à associer le numéro de canal à l'énergie d'un évènement. SPI possède $2 \times 16\,384$ canaux instrumentaux répartis en deux gammes : la gamme basse s'étend de 20 keV à 2 MeV et la gamme haute recouvre la bande entre 2 MeV et 8 MeV. Dans la gamme basse, la correspondance entre numéro de canal et énergie est légèrement non-linéaire et traduite par la relation :

$$E_b(c) = a_0 \ln c + a_1 + a_2 c + a_3 c^2 + a_4 c^3 \qquad (4.1)$$

où c est le numéro de canal. La calibration est effectuée à chaque orbite et pour chaque détecteur à l'aide d'un ajustement des raies du bruit de fond (cf. Figure 4.7) par des Gaussiennes. Six raies ont été retenues pour la gamme basse, ce qui permet de calculer les coefficients de l'équation 4.1 avec un bon compromis entre précision et stabilité du processus. La gamme haute, en revanche, ne contient que deux raies clairement identifiables ; une simple relation linéaire est alors utilisée, celle-ci étant suffisante :

$$E_h(c) = b_0 + b_1 c. \qquad (4.2)$$

A l'issue de la calibration en énergie, les données sont prêtes à subir l'étape principale de l'analyse. A ce stade, les informations se présentent sous la forme d'une matrice à trois dimensions : la dimension temporelle correspond aux différents pointages, la dimension spatiale est définie par les différents détecteurs et la dimension spectrale comprend les différents canaux en énergie. Chaque élément de cet espace à trois dimensions contient un certain nombre d'évènements (histogramme 3D), chaque évènement pouvant être d'origine instrumentale (i.e. provenir du bruit de fond) tout aussi bien que céleste (i.e. provenir d'une source astrophysique). Pour une observation donnée, il s'agira maintenant de séparer le signal des sources de celui du bruit de fond. Pour y arriver, il faut connaître la réponse instrumentale du dispositif, ce qui nous amène à nous y intéresser de plus près.

4.3.2 Réponse instrumentale

Mathématiquement, la réponse instrumentale est une fonction de transfert M reliant le spectre d'évènements enregistrés par les détecteurs du télescope (S_T) au spectre de photons émis par la source (S_E) :

$$S_T = M * S_E \qquad (4.3)$$

Connaissant S_T grâce aux mesures, il suffit en principe d'inverser M pour remonter à S_E ; il est donc indispensable de bien déterminer la matrice de réponse M. En pratique, ceci est réalisé par un couplage entre des mesures d'étalonnage au sol et des simulations numériques. Pour structurer le problème et ainsi alléger ce processus, la réponse de l'instrument a été décomposée en deux parties quasi-indépendantes : la première, appelée RMF (pour *Redistribution Matrix File*), définit la réponse en énergie du plan de détection alors que la deuxième, appelée IRF (pour *Imaging Response Function*) définit la surface efficace de l'instrument en fonction de l'angle d'incidence et de l'énergie. Avant d'expliquer le rôle de chacune des deux parties, nous allons commencer par un rappel sur les mécanismes de détection.

Interactions et évènements

Chaque interaction d'un photon ou d'une particule chargée au sein de la caméra γ est appelée évènement. En fonction du nombre de détecteurs impliqués, nous avons vu que l'on distingue les évènements simples (SE) des évènements multiples (ME). Pour des énergies incidentes inférieures à environ 200 keV, l'interaction se fait quasi exclusivement par effet photoélectrique, ce qui se traduit par un SE car le dépôt d'énergie est localisé à un endroit donné, donc a fortiori dans un seul détecteur. A plus haute énergie, l'interaction rayonnement-matière peut cependant s'élargir à plusieurs détecteurs. En effet, lors d'une diffusion Compton, le photon diffusé est susceptible d'interagir à son tour dans un des détecteurs voisins. Si le photon diffusé possède encore suffisamment d'énergie, ce phénomène peut se répéter plusieurs fois. Les différents dépôts d'énergie enregistrés lors d'une telle cascade d'interactions (délimitée en temps par une fenêtre de coïncidence de 350 ns) sont sommés et l'évènement est étiqueté ME. L'ensemble des détecteurs ayant enregistré un dépôt d'énergie est alors considéré comme un pseudo-détecteur pour l'évènement en question. Pour une énergie d'incidence de 2 MeV, environ 40% des évènements enregistrés sont des ME (en grande majorité des évènements doubles, étiquetés ME_2). Enfin, lorsque l'énergie d'un évènement est supérieure à 8 MeV, l'impulsion associée dépasse le seuil d'entrée du convertisseur analogique-numérique et l'évènement est étiqueté saturant (GeDsat).

Réponse en énergie

Les différents types d'interaction possibles ont un effet direct sur la réponse en énergie du dispositif. Lors d'un effet photoélectrique, le photon est totalement absorbé par la matière et l'énergie déposée correspond à l'énergie incidente. En revanche, les dépôts d'énergie enregistrés suite aux autres types d'interaction ne vérifient pas cette correspondance mathématiquement injective. Lors d'une diffusion Compton, le photon diffusé peut s'échapper du plan de détection auquel cas l'énergie associée à l'évènement est inférieure à celle du photon incident. Ce phénomène explique l'apparition d'une composante dans le spectre qu'on appelle *continuum Compton*[13]. De manière similaire, la création d'une paire e^+e^- par un photon énergétique peut entraîner un dépôt d'énergie partiel. En effet, le positron a un libre parcours moyen très court ; lors de son annihilation avec un électron du matériau, deux photons à 511 keV sont libérés et peuvent alors s'échapper du dispositif de détection. Cette situation est à l'origine des deux pics d'échappement qu'on observe dans le spectre d'une source monochromatique dont l'énergie est supérieure à 1,022 MeV.

---

[13] La bosse délimitant ce continuum à haute énergie, appelée front Compton, est caractéristique de l'énergie maximum qu'un photon peut perdre lors d'une simple diffusion Compton, i.e. lorsque l'angle de diffusion est égal à 180°.

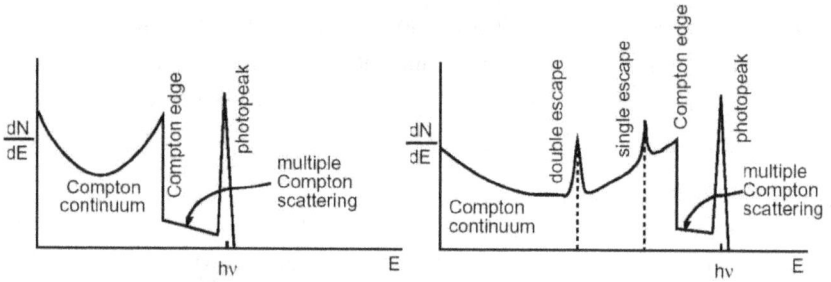

Figure 4.6 – Vue schématique de la réponse en énergie d'un détecteur Germanium (figure extraite de von Ballmoos et al. 2005). *Gauche* : cas d'un rayonnement monochromatique d'énergie incidente E_i < 1022 keV. *Droite* : cas d'un rayonnement monochromatique d'énergie incidente E_i > 1022 keV.

La figure 4.6 illustre la réponse en énergie d'un détecteur Germanium isolé à des photons incidents monochromatiques pour deux énergies différentes. Le pic associé aux dépôts de pleine énergie (*photopeak* en anglais) est le seul élément qui contient une information directement exploitable ; les autres structures (front et continuum Compton, pics d'échappement) qui apparaissent suite aux phénomènes évoqués plus haut doivent être quantifiées indirectement à partir du nombre de photons qui ont été comptés à plus haute énergie. Ces aspects, qui dépendent de la structure précise du plan de détection et des matériaux avoisinants, sont décrits par la matrice de redistribution en énergie (RMF). La détermination précise de la RMF est cruciale pour l'analyse des données car une mauvaise évaluation des structures Compton conduit à des estimations de flux erronés à basse énergie.

Compte tenu des différents cas de figure, la RMF de SPI a été séparée en trois parties permettant une meilleure lisibilité du problème :

– La RMF$_1$ représente les photons qui arrivent sur les détecteurs en y déposant toute leur énergie (*photopeak*) ; il s'agit d'une matrice diagonale.

– La RMF$_2$ correspond aux photons qui interagissent par effet Compton dans les matériaux extérieurs avant que le photon diffusé ne dépose une partie de l'énergie incidente dans les détecteurs ; il s'agit d'une matrice triangulaire inférieure.

- La RMF$_3$ est associée aux photons qui interagissent par effet Compton dans les détecteurs avant que le photon diffusé ne se libère du dispositif, provoquant donc un dépôt partiel de l'énergie incidente ; elle aussi est triangulaire inférieure.

Efficacité de détection

Si la RMF évalue la redistribution en énergie des photons incidents, elle ne spécifie pas comment le dispositif expérimental répond à un faisceau parallèle en provenance d'une source supposée à l'infini. En effet, le taux de comptage par pixel dépend de manière évidente de l'interaction du rayonnement (absorption, diffusion) avec le masque et les matériaux extérieurs à la caméra. Pour évaluer ces facteurs physico-géométriques, on doit tenir compte de la structure précise du spectromètre et de ses environs. La fonction d'appareil (IRF) décrit ces aspects en termes de surface efficace en fonction de l'angle et de l'énergie du photon incident.

L'IRF de SPI a été déterminée par un étalonnage au sol (mesures de l'efficacité pour certains angles données) puis vérifiée/affinée et extrapolée à tous les angles par des simulations numériques développées en parallèle. Pour arriver à des temps de calcul raisonnables, les simulations tirent profit des symétries du problème et utilisent un certain nombre d'approximations (Sturner et al., 2003). Par exemple, certaines étapes peuvent être décrites par un calcul purement géométrique alors que d'autres nécessitent la prise en compte de toutes les interactions possibles et des lois de probabilité associées (simulations *Monte Carlo*). Pour rendre compte de l'environnement du télescope, les simulations s'appuient sur le modèle de masse TIMM (pour *The INTEGRAL Mass Model*, Ferguson et al. 2003) développé par le consortium INTEGRAL. Ce modèle numérique comprend de manière aussi précise que possible toutes les caractéristiques intrinsèques des matériaux composant l'ensemble du satellite (géométrie et propriétés physiques). Il a notamment été conçu pour estimer la réponse du satellite au flux de particules énergétiques (rayons cosmiques, vent solaire etc.) auquel il est exposé en orbite.

Pour des raisons pratiques, l'IRF de SPI été décomposée en 3 parties appelées ARFs (pour *Ancillary Response Files*) correspondant chacune aux différentes RMFs décrites plus haut. De cette façon, la réponse totale de l'instrument peut être exprimée par une combinaison linéaire des ARF$_i$ et RMF$_i$.

4.3.3 Bruit de fond

Mentionné déjà à plusieurs reprises, le bruit de fond instrumental est un élément omniprésent dans l'astronomie des hautes énergies. Il n'est donc pas étonnant que beaucoup d'efforts portent sur la compréhension et la modélisation de ce phénomène qui mène la vie dure aux observateurs. En effet, comme nous allons le voir, la qualité des résultats en dépend significativement.

Origines physiques

Le bruit de fond instrumental de SPI a essentiellement deux origines physiques : le bombardement du satellite par un flux de particules ultra-énergétiques et la radioactivité naturelle des matériaux utilisés.

Dans le premier cas, même si l'origine est clairement identifiée, la prédiction du phénomène est difficile car les sources et les processus physiques impliqués sont multiples et assez mal connus (Jean et al., 2003). En effet, lors de son évolution en orbite, l'observatoire INTEGRAL est exposé à un fort flux de protons et autres particules lourdes de très haute énergie. Le rayonnement cosmique, le vent solaire et le passage du satellite dans les ceintures de radiation contribuent à ce flux et modulent son intensité sur des échelles de temps différentes. Les collisions inélastiques entre les particules incidentes (dites primaires) et les atomes de la structure mécanique du satellite produisent des particules secondaires (p, n, π^0, π^+, γ...) qui sont susceptibles d'exciter/activer les noyaux de la structure matérielle de l'observatoire. Ceci crée alors des isotopes et isomères radioactifs qui, selon leur durée de vie, se désexcitent et/ou décroissent plus ou moins vite en libérant des photons γ et/ou des particules β. Les produits de la radioactivité peuvent alors interagir avec les détecteurs Germanium pour former des raies (les γ de désexcitation totalement absorbés) ou un continuum (les γ partiellement absorbés et les β) dans le spectre.

La radioactivité dite naturelle, en revanche, est plus facile à prévoir. Elle est due à la présence naturelle d'une faible quantité d'isotopes à longue durée de vie (de l'ordre du milliard d'années) dans la structure mécanique du satellite. Leur décroissance est responsable de raies d'intensité constante dans le spectre du bruit de fond, ce qui permet de suivre l'évolution à long terme de l'efficacité de détection (Jean et al., 2003).

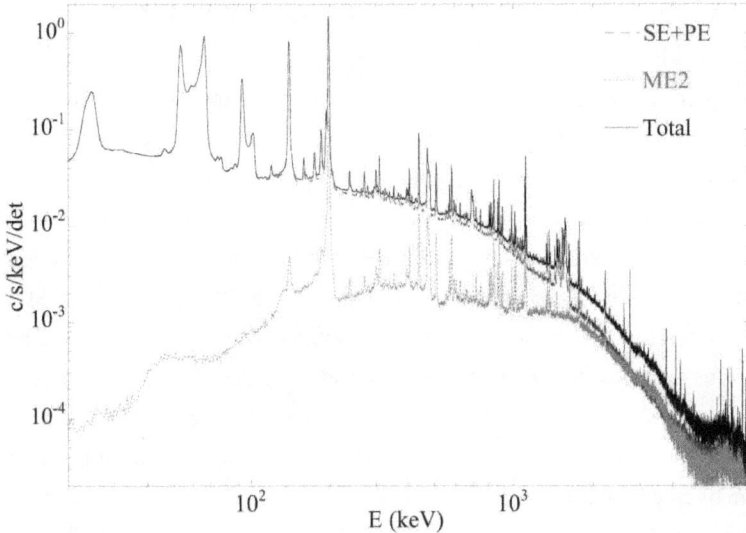

Figure 4.7 – Bruit de fond de l'instrument SPI. La courbe bleue correspond aux évènements simples et inclut les PE, évènements qui ont été discriminés par la PSD. La courbe rouge correspond aux évènements doubles et la courbe noire représente le spectre moyen total des coups dus au bruit de fond. La figure est tirée de Jean et al. (2003).

In fine, le spectre du bruit de fond de SPI se compose donc d'un continuum en loi de puissance brisée et d'un ensemble de raies caractéristiques des processus radioactifs mis en jeu (cf. figure 4.7).

Evolution

La difficulté de l'astronomie X-dur/γ provient du fait que le niveau de bruit n'est pas constant, mais régi par divers cycles, tendances et phénomènes aléatoires. Comme nous l'avons vu plus haut, le bruit prend naissance lors de la désexcitation/décroissance des noyaux, phénomène qui ne se produit pas nécessairement au moment de (ou peu après) l'impact de la particule primaire. En effet, certains isotopes ont une durée de vie grande devant la durée de vie d'un pointage du satellite, ce qui entraîne que le bruit de fond à un instant donné dépend de l'historique d'activation des matériaux.

Ensuite, le flux des particules primaires lui-même évolue sur des échelles de temps très variées, caractéristiques de l'environnement spatial. L'observatoire passe près de 90% de son orbite dans son environnement nominal, i.e. en dehors des ceintures de radiation de la Terre, où le flux des particules primaires est dominé par le rayonnement cosmique. Malgré sa stabilité relative, le rayonnement cosmique est sujet à des variations à court et moyen terme pouvant atteindre les 10% du flux, ce qui est suffisant pour perturber voire noyer le signal du ciel. De temps à autre, le satellite subit également des éruptions solaires qui ont un impact considérable sur les propriétés du bruit instrumental. Non seulement son intensité augmente brutalement (proportionnellement à l'intensité de l'éruption solaire) mais l'activation massive d'isotopes à moyenne et longue durée de vie continue à avoir des répercussions sur les évènements enregistrés plusieurs jours voire semaines après. Par ailleurs, l'activité solaire peut provoquer d'autres effets à long terme, puisque son évolution graduelle est susceptible de moduler le flux du rayonnement cosmique intercepté par le satellite.

Modélisation

Comme le signal des sources ne représente souvent qu'un faible pourcentage de l'intensité du bruit de fond, il est important d'évaluer ce dernier avec autant de précision que possible si l'on veut correctement extraire le flux des sources. Dans les instruments à masque codé, ceci est généralement réalisé par la méthode dite du champ vide.

Cette méthode tient compte du fait que le bruit de fond n'est pas uniformément distribué sur les différents détecteurs. En effet, pour un détecteur donné, la contribution relative des différentes sources de bruit dépend clairement de la position du détecteur dans la distribution spatiale de matière que constitue le satellite. De plus, le vieillissement individuel de chaque détecteur engendre une variation du niveau de bruit dans le temps, indépendamment des sources et des autres détecteurs. Pour prendre en compte ces facteurs, la distribution du bruit est évaluée à l'aide du motif enregistré lors d'une observation (i.e. une série de pointages) d'une région vide du ciel (i.e. dépourvue de source X-dur/γ). Ce motif, appelé carte de non-uniformité du bruit ou *background pattern* en anglais, correspond donc à la seule contribution du bruit de fond ; sa distribution spatiale est considérée comme étant constante sur des échelles de temps de l'ordre de 6 mois tandis que sa normalisation peut évoluer sur des échelles de temps beaucoup plus courtes suite aux fluctuations du flux de particules primaires.

Pour pouvoir extraire le flux d'une cible astrophysique à un instant et dans une bande en énergie donnée, on évalue donc d'abord la carte de non-uniformité dans cette bande en énergie à l'aide d'une observation de champ vide (si possible proche dans le temps de l'observation que l'on souhaite analyser). Ensuite, la normalisation de la carte de non-uniformité est ajustée pour correspondre au mieux aux données. Les résidus significatifs qui apparaissent après soustraction de la carte de bruit peuvent alors être associés à des sources par la méthode itérative IROS (pour *Iterative Removal Of Sources*, cf. section 4.3.4) ou par l'utilisation d'un modèle de ciel prédéfini (le *sky model*). Ces méthodes d'extraction de flux seront explicitées dans les prochains paragraphes.

4.3.4 Déconvolution

Le traitement numérique qui permet d'extraire le flux des sources du champ de vue est appelé la déconvolution. Dans cette partie, nous allons présenter le principe de fonctionnement de ce processus ainsi que les deux routines informatiques utilisées à cet effet.

Principe de base

Rappelons que l'image projetée sur le plan de détection (traduite par le nombre de coups enregistrés sur chaque détecteur) correspond à la convolution de l'image du ciel par le masque codé additionnée au bruit de fond instrumental. Après soustraction du bruit, la déconvolution des coups résiduels permet donc, en principe, de remonter au flux des sources présentes dans le champ de vue. Comme la matrice de réponse de SPI est complexe et non-inversible, la déconvolution se réalise par une approche en sens direct, basée sur l'ajustement d'un modèle de ciel préalablement défini. En effet, la distribution des coups détectés peut être modélisée en fonction de la position des sources ponctuelles (i.e. le modèle du ciel) et d'une carte de non-uniformité du bruit de fond. Pour s sources occupant les positions $x_{s,p}$ et $y_{s,p}$ dans le ciel, d détecteurs, p pointages, des photons d'énergie incidente E_p et des valeurs d'énergie déposée E_c, il vient :

$$N(d,p,E_c) = \left(\sum_s \left(\int_{E_p} \left(\sum_{i=1}^{3} ARF_i(d,x_{s,p},y_{s,p},E_p) \times RMF_i(E_p,E_c) \right) F(s,E_p)dE_p \right) + B(d,p,E_c) \right) t(d,p)$$

(4.4)

L'extraction du flux des sources revient donc à résoudre l'équation 4.4 pour $F(s,E_p)$. Cette approche fournit des résultats corrects à condition que le modèle de ciel et la carte de bruit soient adaptés à l'observation. Dans le cas contraire, l'image en coups reproduite par le modèle est trop différente des données, ce qui se traduit par un test statistique défaillant.

La caméra de SPI est composée de seulement 19 pixels physiques. Sur un seul pointage, la résolution de l'équation 4.4 est impossible car le système est sous-déterminé. La stratégie du *dithering* (cf. section 4.1.3) permet d'augmenter le nombre d'équations en juxtaposant les informations enregistrées pendant plusieurs pointages spatialement décalés les uns par rapport aux autres. Néanmoins, la résolution du système résultant n'est toujours pas aisée, car le problème est mal conditionné, i.e. les données ne contiennent pas assez d'informations pour permettre une résolution numérique exacte. Aussi, l'utilisation de plusieurs pointages successifs nécessite la prise en compte de l'évolution des composantes d'émission au cours du temps (sources et bruit de fond) et ajoute donc une dimension temporelle au problème.

Pour néanmoins résoudre le système (i.e. extraire le signal des sources), il est nécessaire d'avoir recours à des approximations. Plusieurs modèles approchés ont été implémentés dans les logiciels d'extraction de flux tels *spiros* (Skinner & Connell, 2003) et *deconv* afin de simplifier la matrice de réponse instrumentale (i.e. la combinaison linéaire des ARF_i et RMF_i). Une approximation commune à tous les modèles consiste à résoudre le système séparément pour tous les canaux d'énergie E_c. Concrètement, le problème revient donc à résoudre le système suivant

$$N_{E_c} = A_{E_c} X_{E_c} + B_{E_c}$$

(4.5)

$$N_{E_c} = \sum_s A_s F_s + B_{E_c}$$

(4.6)

pour X_{E_c}, le vecteur qui contient la contribution des différentes sources. Pour cela, le mode *photopeak* prévoit un calcul en deux temps : d'abord, les flux des sources sont estimés de manière préliminaire en utilisant seulement la partie diagonale de la matrice de réponse (i.e. ARF_1 et RMF_1), puis ces mesures sont corrigées par la pseudo-efficacité de l'instrument, i.e. la redistribution en énergie due à l'effet Compton. Le mode *pseudo-ARF*, en revanche, tient compte directement de cet effet dans le calcul des solutions, à condition de connaître approximativement la pente du spectre des sources considérées. Lors d'une analyse d'un nombre élevé de pointages ou d'un champ de vue complexe, l'exécution du mode *pseudo-ARF* est cependant très coûteuse en temps. En pratique, nous avons comparé les résultats obtenus avec les différentes méthodes de résolution afin d'en choisir la plus adaptée aux besoins (nombre de pointages, champ de vue etc.).

Spiros et la recherche de sources

Le logiciel *spiros* fait partie de la collection *osa*, un ensemble d'outils informatiques mis à disposition de la communauté par les équipes instrumentales et par l'ISDC. Son principe de fonctionnement repose sur la méthode de soustraction itérative des sources (méthode IROS, pour *Iterative Removal Of Sources* Hammersley & Skinner 1984). Sur des instruments à masque codé, cette technique est assez courante pour détecter et extraire le flux des sources ponctuelles. L'algorithme repose sur la recherche de la solution la plus significative en supposant que l'image sur le plan de détection est produite par une seule source plus le bruit de fond. A cet effet, une opération élémentaire de la routine consiste à placer une source témoin sur chaque pixel afin d'en évaluer l'intensité (et l'incertitude sur l'intensité) qui reproduit au mieux les données. Cette approche permet de déterminer approximativement la position et l'intensité de la source qui a généré l'excès le plus significatif sur le plan de détection. Ces paramètres sont ensuite affinés en maximisant la qualité de l'ajustement entre l'image reproduite et les données. Les résidus du meilleur ajustement servent de point de départ pour la prochaine itération, visant à extraire une autre source présente dans l'image. Lors de chaque itération successive, les paramètres des sources préalablement détectées sont réajustés afin d'obtenir la reproduction la plus précise de l'image en coups. Une fois que les paramètres de toutes les sources significatives ont été ajustés au mieux, le niveau de confiance du processus d'extraction est évalué à l'aide d'un test du χ^2.

Lors de l'analyse des observations présentées dans cet ouvrage, nous avons utilisé le mode *timing-imaging* de *spiros* afin de chercher les sources actives par la méthode expliquée plus haut. Les principaux paramètres d'une telle exécution sont alors le nombre de sources ponctuelles à chercher, la significativité minimale des sources retenues, l'échantillonnage spatial du champ de vue, la précision des ajustements par la méthode des moindres carrées et l'échelle de temps sur laquelle les valeurs des flux/incertitudes sont ajustées.

Le logiciel *spiros* comprend aussi d'autres modes d'exécution (tel le mode spectral par exemple). Toutefois, nous avons essentiellement utilisé le logiciel *deconv* pour l'extraction des spectres car ce dernier est capable de produire des résultats de même qualité avec un temps de calcul moins important.

Deconv et le sky-model fitting

Le logiciel *deconv* a été développé par les informaticiens de l'équipe INTEGRAL du CESR (IRAP) afin d'avoir un outil d'extraction de flux léger et adaptable en cas de besoin. Ce logiciel ne permet pas d'effectuer une recherche itérative des sources du champ de vue et nécessite donc la connaissance préalable d'un modèle de ciel spécifiant la position (et éventuellement la pente du spectre) des sources à prendre en compte dans l'analyse. En fonction du mode choisi (*photopeak* ou *pseudo-ARF*), le programme calcule d'abord les matrices qui correspondent aux pointages et aux canaux en énergie sélectionnés ; cette étape est réalisée soit par interpolation tri-linéaire (pour les ARFs), soit par la méthode dite de dilatation-compression (pour les RMFs). Ensuite, le programme convole le modèle de ciel avec la matrice de réponse pour évaluer la contribution des sources sur le plan de détection ainsi que la normalisation du bruit de fond qui reproduisent au mieux les données. Le résultat final est obtenu suite à une résolution par la méthode des moindres carrées.

Approche pratique

Après avoir déterminé les sources actives lors d'une observation donnée en utilisant *spiros*, nous avons utilisé *deconv* pour extraire les courbes de lumière et les spectres. Suffisamment précis, nous avons principalement utilisé le mode *photopeak* pour l'extraction des flux. En effet, des tests effectués dans différentes conditions ont systématiquement révélé un bon accord avec le mode *pseudo-ARF*.

Ce dernier est cependant moins pratique étant donné qu'il est plus coûteux en temps de calcul.

4.3.5 Traitement semi-automatique

Pour améliorer l'efficacité du processus d'extraction, nous avons développé *trait_obs*, un outil de traitement semi-automatique qui coordonne les différentes étapes décrites plus haut. Partant des données prétraitées (cf. partie 4.3.1), le script guide l'utilisateur à travers la chaîne de traitement en lui laissant la main au moment des choix importants. Cet aspect est primordial puisqu'il permet d'adapter les méthodes en fonction du type d'étude envisagée, des connaissances préalables sur la source, du champ de vue et des pointages considérés.

Concrètement, le script a besoin de deux fichiers d'entrée. Le premier spécifie la liste des pointages à inclure dans l'analyse et le deuxième indique les bandes d'énergie pour lesquelles les mesures de flux sont extraites. Il fait d'abord appel à la routine *spi.image.fits* qui va chercher les données concernées et les formate en un assemblage de cinq fichiers FITS. Ces fichiers contiennent toutes les informations nécessaires au traitement successif, à savoir les caractéristiques des pointages (*pntg.fits*), les intervalles de temps utiles (*gti.fits*), les temps d'exposition effective (*livetime.fits*), les bandes en énergie considérées (*ebds.fits*) et la carte de coups enregistrés (*counts.fits*).

Le script sélectionne le champ vide le mieux adapté au traitement, c'est à dire celui qui est le plus proche en temps des pointages que l'on souhaite analyser. Si les pointages considérés recouvrent une période trop longue (>6 mois), alors l'analyse est séparée en sous-groupes en utilisant des champs vides différents pour chaque sous-groupe. Dans un premier temps, les données enregistrés pendant l'observation du (ou des) champ(s) vide(s) sélectionné(s) sont formatées de manière similaire aux données enregistrés pendant l'observation de la source, avec les mêmes bandes en énergie. Ensuite, le script exécute la routine *flat_field* qui crée la carte de non-uniformité à partir du fichier *counts.fits* associé.

Une fois que la carte de non-uniformité est créée, le programme est prêt à piloter la déconvolution. Il demande alors à l'utilisateur quel logiciel il souhaite utiliser, *spiros* ou *deconv*. Si le champ de vue n'est pas connu, il faut utiliser *spiros* afin de rechercher les sources actives par la méthode IROS (cf. section 4.3.4). Pour cela, l'utilisateur spécifie les paramètres de la recherche (nombre de sources, échelles de temps, précision etc.) en fonction de la région du ciel pointée et du nombre de pointages analysés. Ensuite, *trait_obs* pilote l'exécution de *spiros* et sort les résultats à l'écran ainsi que dans des fichiers.

En revanche, si l'on connait déjà le modèle de ciel correspondant aux pointages considérés, alors la chaîne est optimisée pour l'utilisation de *deconv*. Dans ce cas, *trait_obs* fait appel à la routine *src_time* qui prépare les fichiers paramètres de *deconv* de manière interactive. Après que l'utilisateur a choisi le mode d'extraction (*photopeak* ou *pseudo-ARF*), la routine considère toutes les sources potentielles du champ de vue centré sur la source principale et affiche le catalogue à l'écran. L'utilisateur choisit alors les sources à inclure dans l'analyse ainsi que les échelles de temps pour l'extraction des flux et la normalisation du bruit de fond. Les échelles choisies seront alors respectées au mieux en prenant en compte les temps de manœuvre, les temps inter-pointages (lorsque les pointages ne se suivent pas directement) et inter-révolutions (lorsque les pointages considérés recouvrent plusieurs révolutions). *src_time* demande finalement à l'utilisateur s'il faut prendre en compte l'émission diffuse associée à l'annihilation des positrons (qui s'avère parfois nécessaire, cf. l'analyse de GS 1826–24 présentée au Chapitre 7) et rend la main à *trait_obs*, qui lance l'exécution de *deconv*. Les résultats sont sortis dans des fichiers compatibles avec *xspec* v.11 et v.12 et les routines standards de visualisation des données.

Epilogue de la première partie

Maintenant que nous avons présenté les objets concernés par notre étude, les résultats antérieurs de la discipline, le dispositif expérimental et les méthodes de traitement, nous sommes prêts à attaquer la deuxième partie de cet ouvrage, qui résume les principaux résultats scientifiques que nous avons obtenus en analysant les données SPI.

Partie II – Résultats

5. L'émission haute énergie du système GRS 1915+105

A présent nous rentrons dans le vif du sujet, à savoir la présentation des résultats qui ont été obtenus durant ce travail de recherche. Le premier objet que nous avons étudié est GRS 1915+105, une source énigmatique de la classe des *microquasars*. Les résultats présentés dans ce chapitre ont été publiés dans Astronomy & Astrophysics (Droulans & Jourdain, 2009).

5.1 Caractéristiques de la source

GRS 1915+105 est une source particulière et pour le moins intrigante. Détectée en rayons X par l'instrument WATCH, un moniteur à grand champ de vue à bord de l'observatoire GRANAT (Brandt et al., 1990; Castro-Tirado et al., 1992), GRS 1915+105 est devenue célèbre deux ans plus tard lorsque Mirabel & Rodríguez (1994) ont découvert qu'il s'agissait de la première source Galactique qui présentait des éjections de matière *superluminales*, i.e. des jets dont la vitesse apparente dépassait celle de la lumière. De surcroît, il s'agit d'une des sources les plus brillantes (dépassant régulièrement la luminosité d'Eddington, Done et al. 2004), et les plus variables (le comportement temporel observé a donné lieu à la définition de plus d'une dizaine de classes de variabilité, Belloni et al. 2000) du ciel X. Il n'est donc guère surprenant que beaucoup de travaux ont été consacrés à cette source, notamment pour comprendre la nature particulière du flot d'accrétion et les connexions entre accrétion et éjection de matière. Le lecteur intéressé trouvera un résumé de ces aspects dans Fender & Belloni (2004).

Le système abrite un trou noir qui accrète la matière débordant du lobe de Roche de son compagnon, une étoile géante de type K (Greiner et al., 2001). La fonction de masse de la binaire fût estimée à 9,5 ± 3 $M_\odot$ (Greiner et al., 2001) et l'étude combinée des paramètres orbitaux et de l'élargissement rotationnel de la géante secondaire (déterminé à partir de la largeur des raies d'absorption photosphérique) a conduit à des estimations respectives de 14 ± 4 $M_\odot$ et de 0,8 ± 0,5 $M_\odot$ pour les masses de l'objet compact et de son compagnon (i.e. un système LMXB, Harlaftis & Greiner, 2004). La distance à la source et l'inclinaison du système binaire par rapport à la ligne de visée ont été discutées par Zdziarski et al. (2005), qui concluent que la plupart des estimations publiées dans la littérature convergent vers $d \simeq 11$ kpc et $i \simeq 66°$. Nous avons retenu ces paramètres pour la présente étude.

5.2 Motivation

Dans la majorité des publications concernant GRS 1915+105, les auteurs se sont concentrés sur les propriétés de l'émission X et les connexions avec l'émission radio. Ceci s'explique évidemment par l'aspect étonnant et singulier de sa courbe de lumière en rayons X (p.ex. Chen et al., 1997; Belloni et al., 1997; Muno et al., 1999; Rodriguez et al., 2008) et par la récurrence des puissantes éjections de matière détectées en radio (p.ex. Pooley & Fender, 1997; Klein-Wolt et al., 2002). Par ailleurs, le fait que le spectre de GRS 1915+105 est en moyenne bien plus mou que celui des autres systèmes à trou noir (Reig et al., 2003) entraîne que l'émission au-dessus de 100 keV est détectée avec un rapport signal sur bruit relativement faible, ce qui rend l'étude du rayonnement X-dur plus difficile. Une mesure précise de la partie haute énergie du spectre est pourtant importante car cette partie contient des informations uniques sur la physique qui régit les régions les plus énergétiques du flot d'accrétion. Grâce à sa sensibilité inégalée au-delà de 150 keV, SPI est l'instrument (actuellement en opération) le plus adapté pour mener à bien ce type d'étude.

La seule étude précédente dans cette gamme en énergie a été conduite par Zdziarski et al. (2001) et revisitée 4 ans plus tard (Zdziarski et al., 2005). Ces auteurs ont analysé 9 observations pointées d'OSSE totalisant presque 3 Msec de données et ajusté conjointement les spectres haute énergie avec des données issues de l'observatoire RXTE. Les modèles classiques de Comptonisation thermique (de type Sunyaev & Titarchuk 1980 ou Titarchuk 1994) et le modèle BMC de Laurent

& Titarchuk (1999) se sont avérés incompatibles avec les données ; en revanche, les auteurs ont suggéré que les spectres observés sont produits par Comptonisation dans un plasma hybride, i.e. un milieu qui contient à la fois des électrons thermiques et non-thermiques. L'étude présentée ici vise à vérifier/approfondir ces points à l'aide de données plus récentes, en explorant l'évolution des propriétés spectrales à haute énergie sur une échelle de temps plus courte. En effet, la durée typique des pointages d'OSSE était de l'ordre de la semaine, alors que SPI permet d'atteindre une sensibilité comparable > 100 keV au bout de ~ 1 jour.

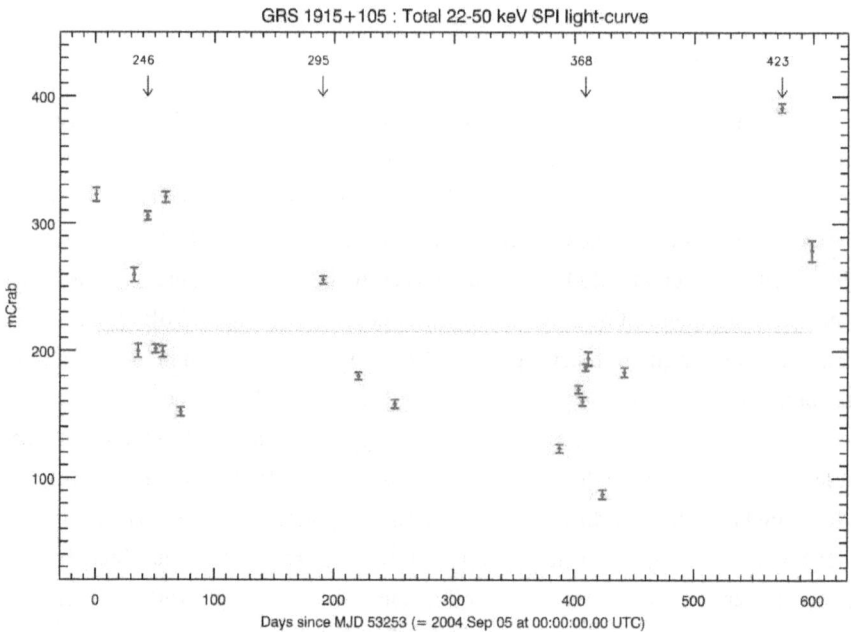

Figure 5.1 – Variabilité à long terme de l'émission X-dur de GRS1915+105. Chaque point représente le flux entre 22 − 50 keV moyenné par observation, ce qui correspond à une échelle de temps de l'ordre de la journée. Les observations discutées dans le texte sont indiquées par les flèches en haut du graphe.

5.3 Observations et réduction de données

Nous avons analysé toutes les données SPI sur GRS 1915+105 accumulées pendant une période de près de deux ans, entre septembre 2004 et mai 2006. Celles-ci sont réparties sur 20 observations individuelles correspondant chacune à une révolution d'INTEGRAL. Pour chaque observation, nous avons sélectionné tous les pointages où la source se situait à moins de 12° de l'axe central, en excluant ceux qui présentaient une anomalie du bruit de fond suite au passage dans les ceintures de radiation de la Terre ou à cause d'éventuelles éruptions solaires. Chacune des observations retenues totalise au minimum 15 ksec d'exposition sur la source (certaines dépassent même les 100 ksec), ce qui permet l'étude du spectre moyen par révolution. La somme des observations correspond à une exposition totale de 1,7 Msec ; les détails du carnet observationnel sont donnés dans la Tableau 5.1.

Pour la réduction des données, nous avons suivi le protocole expliqué au paragraphe 4.3.5. En raison de sa variabilité notoire, nous avons toujours utilisé l'échelle de temps du pointage pour l'extraction des flux de GRS 1915+105 dans les bandes 22 – 50 keV et 50 – 150 keV. Ensuite, pour la production des spectres, nous avons adapté l'échelle de temps en fonction de la variabilité révélée par les courbes de lumière. Cette méthode a permis de réduire les barres d'erreur à haute énergie sans perte d'information scientifique.

5.4 Résultats

5.4.1 Courbes de lumière

La Figure 5.1 représente l'évolution du flux X-dur de GRS 1915+105 au long de notre période observationnelle. Comme attendu, la source est très variable à moyen terme : le flux dans la bande 22 – 50 keV moyenné par observation (i.e. sur une échelle de temps de l'ordre du jour) varie entre 90 et presque 400 mCrab, avec une incertitude moyenne de 5 mCrab. Sur des échelles de temps plus courtes, les courbes de lumière révèlent un comportement toujours assez variable, mais d'amplitude plus faible ; par pointage (i.e. sur une échelle de temps de $\sim$ 2 ksec), la variation maximale enregistrée au cours d'une observation est de l'ordre d'un facteur 2.

Pour mettre en relation le comportement à plus haute énergie avec la variabilité observée en rayons X, nous avons comparé les mesures de SPI avec celles obtenues simultanément par ASM, le moniteur X à bord de RXTE (cf. Section 3.1.4). A moyen terme (i.e. sur une échelle de temps de la journée), on observe une tendance d'anti-corrélation entre les bandes d'énergie 1,2 – 12 keV et 22 – 50 keV (cf. Figure 5.2), avec un facteur de corrélation linéaire de $\rho = -0{,}59 \pm 0{,}02$ et une significativité de 99%.

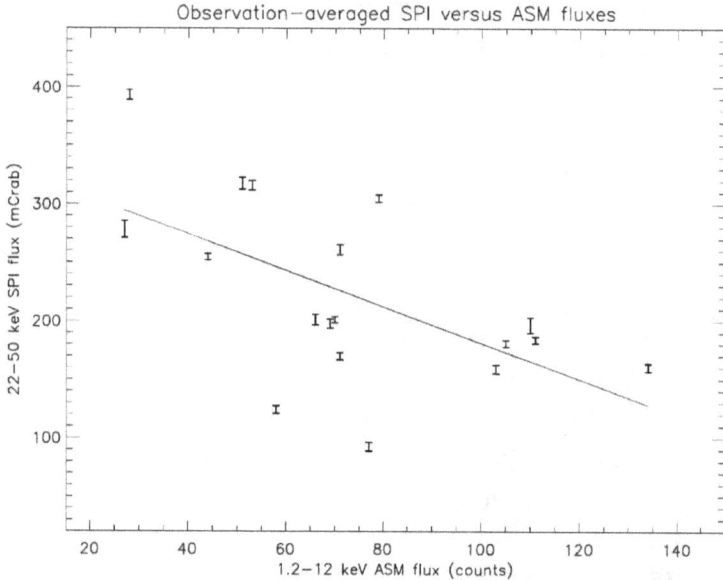

Figure 5.2 – Relation entre les flux moyens par jour mesurés dans les bandes X (1,2 – 12 keV) et X-dur (22 – 50 keV).

Sur des échelles de temps plus courtes, il est difficile de dégager une relation claire entre les deux bandes car l'erreur sur les mesures de SPI est assez grande ($\simeq 10 - 15$ % du flux). De plus, les échelles de temps ne sont pas identiques, les pointages d'ASM étant plus courts (quelques minutes) que les pointages de SPI ($\simeq$ une demi-heure). Toutefois, pendant l'observation 368, la source présente beaucoup d'agitation et l'évolution à court terme du flux dans les deux bandes semble corrélée (cf. Figure 5.5 droite).

Afin de quantifier la variabilité de la source pour chaque observation, nous avons calculé la moyenne quadratique de l'écart à la moyenne (i.e. la valeur rms) des différentes mesures de flux dans les deux bandes en énergie. Cette valeur est ensuite normalisée par le flux moyen pour obtenir l'amplitude de variabilité exprimée en pourcentage. Ce paramètre permet de comparer l'amplitude de la variabilité par observation pour chaque instrument séparément, mais des comparaisons entre les deux bandes en énergie restent difficiles en raison des fenêtres temporelles différentes. En outre, la barre d'erreur moyenne des courbes de lumière de SPI est souvent du même ordre de grandeur que la valeur rms associée, ce qui empêche d'en tirer des conclusions fiables. Néanmoins, nous signalons que les deux bandes mesurent des pourcentages de variabilité pouvant dépasser les 30%, avec sensiblement plus d'amplitude entre 1 – 10 keV qu'au-delà de 20 keV.

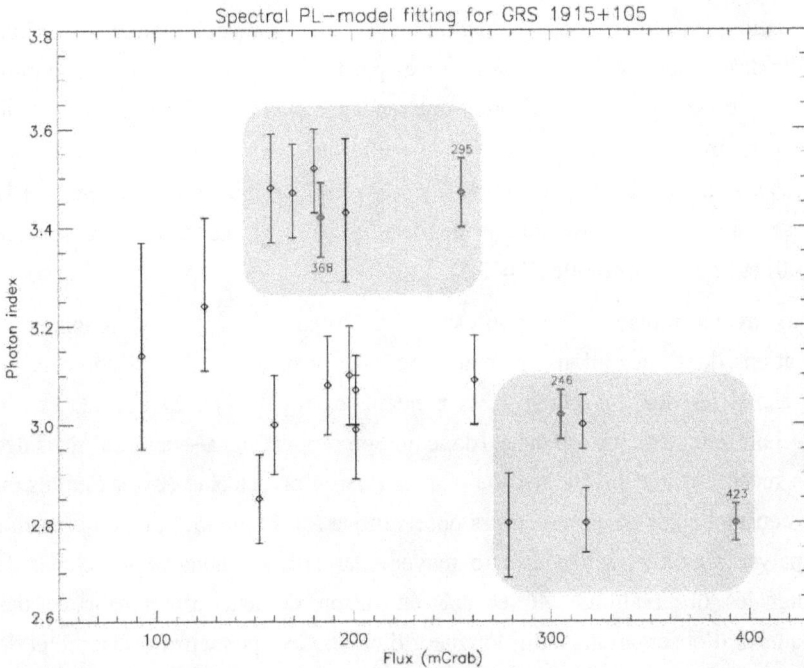

Figure 5.3 – Relation entre l'indice de photon d'un ajustement du spectre moyen par une loi de puissance et le flux X-dur moyenné sur chaque observation. Les observations qui sont discutées dans le texte sont marquées en rouge et celles que nous avons sélectionnées pour former les deux échantillons sont indiquées sur fond bleu.

5.4.2 Analyse spectrale

L'analyse spectrale des données SPI sur GRS 1915+105 a été réalisée à l'aide du logiciel *xspec* v11.3.2 (Arnaud, 1996). Dans un premier temps, nous avons ajusté le spectre moyenné sur chaque observation avec le modèle le plus simple, c'est à dire une loi de puissance. Comme on peut le voir dans la dernière colonne du Tableau 5.1, ce modèle permet de décrire la plupart des spectres de manière satisfaisante. Pour l'ensemble des observations analysées, l'indice de photon du meilleur ajustement est compris entre $\Gamma \simeq 2,8 - 3,5$ avec une incertitude typique de l'ordre de 0,1 (cf. Tableau 5.1, avant-dernière colonne).

Ensuite, nous avons classifié chaque observation à base du flux moyen mesuré dans la bande 22 – 50 keV et de l'indice de photon du spectre associé. Cette classification, présentée dans le diagramme de la Figure 5.3, donne un aperçu simplifié des caractéristiques X-dur arborées par la source. Même si la distribution des points ne permet pas de distinguer une tendance claire, on observe que lorsque le flux est fort ($F_{22-50} > 300$ mCrab), la pente du spectre est relativement dure ($\Gamma \simeq 2,9$). Pour des flux plus faibles ($F_{22-50} \simeq 200$ mCrab), on remarque que la pente semble se concentrer autour de deux valeurs typiques, l'une plus dure ($\Gamma \simeq 3,0$) et l'autre plus molle ($\Gamma \simeq 3,5$).

Nous avons utilisé le diagramme de la Figure 5.3 pour sélectionner 4 observations dont nous allons présenter une analyse plus détaillée. D'abord, nous avons choisi les données enregistrées pendant les révolutions 295 et 423 car la source montre un flux moyen élevé (donc un bon rapport signal-sur-bruit) mais des formes spectrales très différentes. De plus, le flux en rayons X et X-dur est plus ou moins constant sur l'ensemble de ces observations (cf. Figure 5.4), ce qui favorise une analyse significative du spectre moyen. Par ailleurs, nous avons choisi de présenter les observations 246 et 368 en raison de leur appartenance à des programmes d'observations multi longueur d'onde. Ceci permettra d'inscrire et de discuter les mesures de SPI dans un contexte plus large.

5.4.3 Observations 295 et 423

Les courbes de lumière obtenues par ASM montrent que le comportement de la source en rayons X est très similaire pendant les deux observations : le flux dans la bande 1,2 – 12 keV est très faible et pratiquement constant (cf. Figure 5.4). A part une différence de flux de 35%, les courbes de lumière en X-dur sont aussi très similaires, avec de nouveau très peu de variabilité pendant les deux observations. En revanche, les caractéristiques spectrales sont significativement différentes : les

indices de photon sont ajustés à 3,47 ± 0,07 et 2,80 ± 0,04 pour les observations
295 et 423, respectivement.

Obs ID	MJD start	MJD stop	Exp time (s)	SPI$_{22-50\text{keV}}$ $<F>_{\text{(mCrab)}}$	rms/$<$F$>$(%)	ASM$_{1.2-12\text{keV}}$ $<F>_{\text{(cts/cm}^2/\text{s)}}$	rms/$<$F$>$(%)	Γ	$\chi^2/27$
231	53253.20	53253.95	48412.50	322.5 ± 5.0	20.2	51.9 ± 0.5	58.0	2.80 ± 0.06	0.97
242	53285.10	53285.75	42782.20	259.5 ± 4.5	11.6	70.9 ± 0.7	8.20	3.09 ± 0.06	0.56
243	53288.63	53289.44	49962.72	199.8 ± 4.4	16.0	62.1 ± 0.5	10.1	2.99 ± 0.10	1.08
246	53296.35	53297.53	77174.90	305.8 ± 3.1	7.00	81.3 ± 0.3	28.2	3.02 ± 0.05	1.37
248	53302.88	53304.90	134148.88	201.3 ± 2.7	18.5	69.4 ± 0.6	9.90	3.07 ± 0.07	0.84
250	53309.14	53310.22	72648.77	199.1 ± 3.9	18.0	71.7 ± 0.4	9.00	3.10 ± 0.10	0.71
251	53311.32	53312.77	84373.42	320.4 ± 3.9	16.7	53.3 ± 0.6	48.4	3.00 ± 0.06	1.12
255	53324.27	53325.46	81422.62	152.1 ± 3.0	10.6	no data	no data	2.85 ± 0.09	0.64
295	53442.95	53444.15	85681.48	255.5 ± 2.8	5.70	43.7 ± 0.4	5.10	3.47 ± 0.07	1.40
305	53472.66	53475.66	91334.75	180.2 ± 2.7	11.8	no data	no data	3.52 ± 0.08	0.96
315	53503.53	53504.55	69072.34	158.3 ± 3.4	20.7	134.1 ± 0.7	26.6	3.00 ± 0.10	1.26
361	53640.92	53641.58	70136.04	123.2 ± 3.1	37.6	77.0 ± 0.7	35.7	3.24 ± 0.13	0.92
366	53655.52	53657.87	161541.02	169.7 ± 3.0	19.7	59.1 ± 0.6	9.00	3.47 ± 0.09	1.46
367	53659.23	53660.83	109687.94	160.4 ± 3.6	17.1	108.2 ± 0.5	40.9	3.48 ± 0.11	1.41
368	53661.51	53663.78	154549.29	187.2 ± 2.8	18.6	113.7 ± 0.4	28.7	3.42 ± 0.07	1.68
369	53664.31	53665.53	52753.31	194.0 ± 6.4	24.7	116.9 ± 0.6	43.5	3.43 ± 0.14	1.06
373	53676.27	53677.43	83798.38	87.2 ± 3.8	36.6	77.6 ± 0.7	38.9	3.14 ± 0.18	1.07
379	53694.27	53695.47	90421.32	183.1 ± 3.9	15.3	167.3 ± 1.5	32.6	3.08 ± 0.10	0.89
423	53825.88	53828.23	119129.04	391.1 ± 4.2	7.90	29.1 ± 0.2	10.0	2.80 ± 0.04	3.07
431	53851.94	53852.20	15509.04	278.7 ± 7.2	7.30	26.6 ± 0.4	7.20	2.80 ± 0.10	1.46

Tableau 5.1 – Carnet des observations INTEGRAL et caractéristiques observationnelles élémentaires du système GRS 1915+105. Pour chaque observation, le comportement temporel est paramétré en termes du flux moyen et du pourcentage rms (paramètre qui quantifie la variabilité). L'indice de photon Γ et la valeur du χ^2/ν caractérisent l'un ajustement du spectre par une simple loi de puissance.

Pour essayer de comprendre l'origine des différences spectrales observées, nous avons étudié les deux spectres à l'aide de modèles physiques. En fait, la valeur élevée du χ^2 réduit (cf. dernière colonne du Tableau 5.1) montre qu'une simple loi de puissance décrit assez mal le spectre mesuré pendant l'observation 295. En effet, au-delà de 100 keV, SPI a observé un excès par rapport à cette loi de puissance, ce qui laisse pressentir que les modèles classiques de Comptonisation (qui supposent une seule population d'électrons thermalisés) ne sont pas suffisants pour expliquer le spectre en question. Le modèle *comptt* (Titarchuk, 1994), qui présente une coupure à haute énergie dont la valeur est déterminée par la température du plasma, n'est en effet pas capable de reproduire la partie la plus énergétique de l'émission observée, ce qui conduit à un test statistique défaillant (χ^2/ν = 72/26, cf. Tableau 5.2).

Cependant, on peut imaginer qu'un deuxième processus, thermique ou non-thermique, s'ajoute pour produire la queue à haute énergie. Pour tester cette hypothèse, nous avons utilisé un modèle qui comprend deux composantes : la partie à basse énergie est calculée par *comptt* et la partie à haute énergie est décrite par une loi de puissance. Comme les barres d'erreur des mesures à haute énergie sont relativement élevées, l'indice de photon de la loi de puissance est faiblement contraint ; par conséquent, nous l'avons fixé à 2,0, valeur standard attendue pour un processus de Comptonisation non-thermique. Le meilleur ajustement obtenu avec un tel modèle est excellent ($\chi^2/\nu = 17/25$) et fournit une estimation de la température et de la profondeur optique de la composante thermique du plasma ($kT_e \simeq 16{,}3 \pm 1{,}0$ keV et $\tau \simeq 0{,}57$). Pour arriver à une bonne reproduction des données, l'ajout de la loi de puissance est nécessaire. En effet, le *ftest* indique une probabilité de l'ordre de 10^{-9} que l'amélioration par rapport à un modèle sans composante additionnelle soit due au hasard.

Enfin, nous avons testé un modèle de *Comptonisation hybride*, c'est à dire un modèle dans lequel le plasma comprend deux populations d'électrons, l'une thermique et l'autre non-thermique. Nous avons utilisé le code *compps* (Poutanen & Svensson, 1996), qui calcule le spectre par une méthode de diffusion itérative en modélisant la distribution des électrons par une Maxwellienne dotée d'une queue à haute énergie distribuée en loi de puissance ($\frac{dN_e}{dE} \propto \gamma^{-\Gamma_e}$). Ce modèle est plus contraignant que le précédant car il suppose que les deux composantes sont liées, avec le paramètre $\gamma_{\min}$ qui détermine l'énergie des particules où se situe la transition entre les deux. Pour faciliter la comparaison des résultats, nous avons spécifié une géométrie à symétrie sphérique autour du trou noir et négligé la composante de réflexion dans *compps*. Avec cette configuration, nous obtenons un ajustement impeccable ($\chi^2/\nu = 17/25$), ce qui permet de conclure que l'émission observée peut être expliquée par un processus de Comptonisation hybride.

Pour le spectre de l'observation 423, l'ajustement obtenu par une simple loi de puissance est clairement insuffisant ($\chi^2/\nu = 83/27$), en raison de la forme courbée du spectre autour de 50 keV. Dans le cadre des modèles de Comptonisation, une telle forme est bien reproduite par une population thermalisée ; un simple modèle comptt permet donc d'obtenir un meilleur ajustement ($\chi^2/\nu = 46/26$). Pourtant, cette description n'est toujours pas acceptable, notamment parce qu'elle n'arrive pas à reproduire l'émission au-delà de 200 keV. Malgré sa forme différente, le spectre de l'observation 423 semble donc lui aussi avoir besoin de deux composantes de Comptonisation, soit indépendantes (χ^2/ν = 37/25 pour le modèle *comptt & powerlaw*) soit liées (χ^2/ν = 37/25 pour le modèle *compps*). Tous les résultats des différents ajustements sont résumés dans le Tableau 5.2 et seront discutés plus loin dans le chapitre.

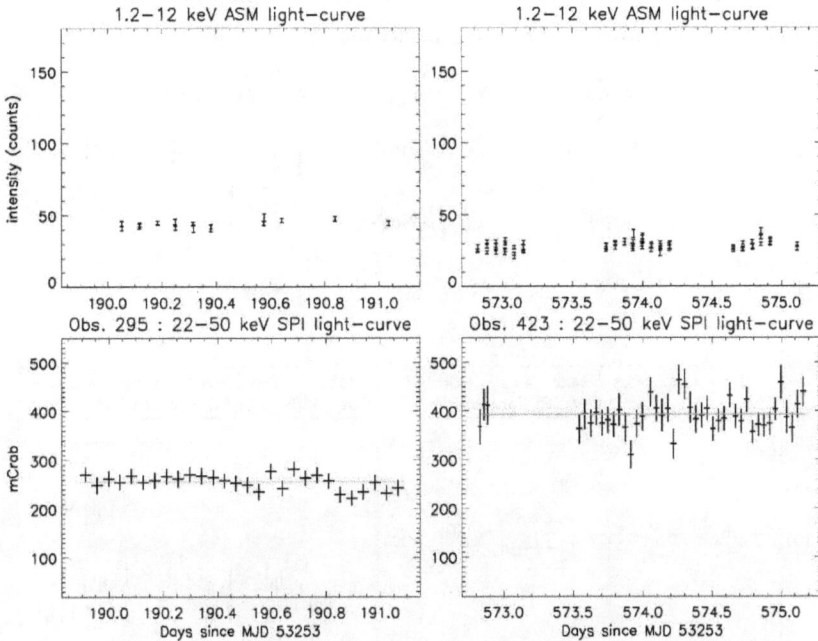

Figure 5.4 – Courbes de lumière ASM et SPI pour les observations 295 et 423. Pendant les deux observations la source se trouve dans l'état « χ », caractérisé par un faible flux et très peu de variabilité en rayons X. En X-dur, le comportement temporel est similaire (stable sur une échelle de temps de l'ordre de la demi-heure) avec cependant un flux relativement élevé.

5.4.4 Observations 246 et 368

Les propriétés X et X-dur exhibées par GRS 1915+105 au cours des révolutions 246 et 368 d'INTEGRAL ont déjà été étudiées dans la littérature. Dans le cadre d'un programme multi longueur d'onde, Rodriguez et al. (2008) ont présenté les données JEM-X et ISGRI de l'observation 246 qui montrent une évolution cyclique de l'émission X, identifiée par les auteurs comme des alternances entre les classes de variabilité « v » et « ρ » (pour la définition des classes voir Belloni et al., 2000). L'observation 368 fait elle-aussi partie d'une campagne multi-longueur d'onde, combinant cette fois les données d'INTEGRAL et celles du satellite japonais SUZAKU. En analysant le motif de variabilité observé lors de cette période, Ueda et al. (2006) ont conclu que la source subissait une transition entre les classes « χ » et « θ ». Cependant, les études mentionnées ci-dessus ne proposent pas une analyse systématique de la partie >150 keV du spectre moyen.

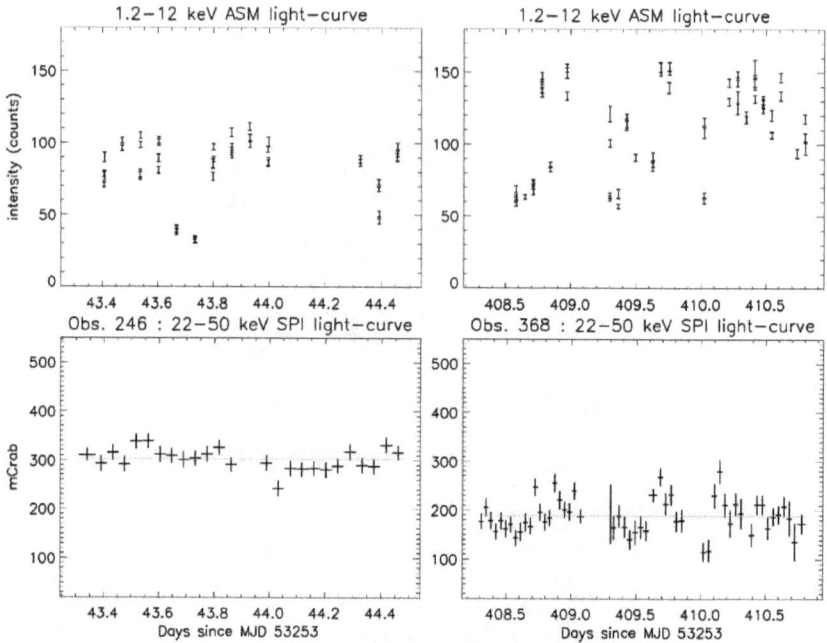

Figure 5.5 – Courbes de lumière ASM et SPI pour les observations 246 et 368. Celles-ci montrent un comportement beaucoup plus agité en rayons X que les observations 295 et 423 (cf. Figure 5.4). Malgré un temps d'intégration plus long, les courbes de lumière en X-dur mesurées par SPI laissent soupçonner une évolution du flux similaire à celle observée en rayons X par ASM.

En comparant les courbes de lumière obtenues par ASM et SPI pour l'observation 368 (cf. Figure 5.5), on remarque une certaine correspondance entre l'évolution du flux dans les bandes X et X-dur. Cette similitude suggère que les bandes 1,2 – 12 keV et 22 – 50 keV tracent l'évolution de la même composante radiative. Pour l'observation 246, les courbes de lumière laissent soupçonner une correspondance similaire. Néanmoins, les différentes échelles de temps d'intégration du flux empêchent la quantification du phénomène.

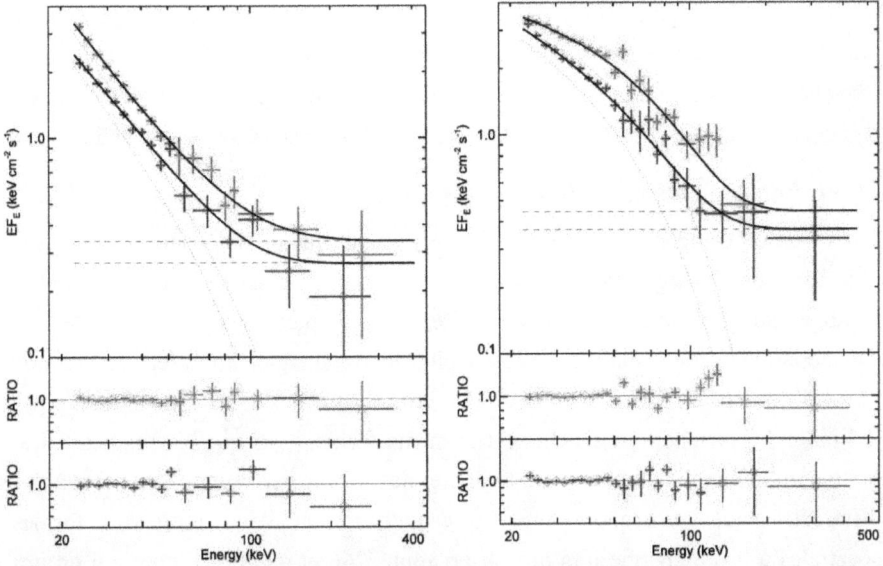

Figure 5.6 – *Gauche* : distribution spectrale du flux d'énergie pour les observations 295 (rouge) et 368 (bleu). La figure montre les meilleurs ajustements obtenus par un modèle phénoménologique de Comptonisation thermique et non-thermique (*comptt* & *powerlaw*, cf. texte). Les canaux en énergie à faible statistique ont été regroupés pour la clarté de la figure. *Droite* : idem pour les observations 246 (bleu) et 423 (rouge).

Contrairement aux observations discutées dans la section précédente, les observations 246 et 368 montrent beaucoup de variabilité en rayons X. Pour évaluer l'impact des phases de forte agitation sur la forme spectrale à haute énergie, nous avons comparé le spectre mesuré par SPI aux résultats des études antérieures (Ueda et al., 2006; Rodriguez et al., 2008). Cette comparaison montre que le spectre SPI moyenné sur toute l'observation 246 a la même forme que le spectre ISGRI obtenu en combinant seulement les phases d'émission stables (appelées *Interval* I dans Rodriguez et al. 2008). Ceci montre que les pics récurrents observés en X (*Intervals* II, III et IV) n'ont pas d'influence sur le spectre moyen à haute énergie ; ce dernier n'est donc pas affecté par les courts épisodes de forte variabilité. Une comparaison similaire avec des observations de SUZAKU (obtenues simultanément avec l'observation 368 d'INTEGRAL) permet d'arriver à la même conclusion.

Suite à ces vérifications, nous avons utilisé les mêmes modèles que dans la section précédente pour décrire les spectres moyennés sur chaque observation. De nouveau, les modèles de Comptonisation à la fois thermique et non-thermique (*comptt* & *powerlaw* et *compps*) fournissent la meilleure description des spectres. Les détails relatifs aux différents ajustements sont donnés dans le Tableau 5.2.

5.4.5 Comparaisons croisées et spectres composites

Lorsqu'on compare les résultats obtenus pour les quatre observations présentées plus haut, on remarque un phénomène assez curieux, à savoir que la variabilité exhibée par la source en rayons X semble complètement indépendante des caractéristiques spectrales observées à plus haute énergie. En effet, hormis une faible différence en flux, les spectres SPI des observations 295 et 368 (illustrés par la Figure 5.6 gauche) ont exactement la même forme, alors que les Figures 5.4 et 5.5 montrent que le comportement temporel de la source en rayons X est tout à fait différent. Nous remarquons une correspondance similaire entre les formes spectrales à haute énergie lors des observations 246 et 423 (cf. Figure 5.6 droite) alors que de nouveau le comportement temporel à basse énergie est différent. On voit donc que lorsque la source présente un flux faible et constant en X, les spectres >20 keV peuvent être très différents et, réciproquement, que des propriétés spectrales à haute énergie quasi-identiques ne garantissent en rien des similitudes au niveau du comportement temporel à basse énergie. Cette situation illustre bien les difficultés rencontrées par la communauté lorsqu'on a essayé de classifier le comportement quasi-aléatoire et chaotique de cette source pour le moins particulière.

Afin d'atteindre l'image la plus nette possible de la composante à haute énergie de GRS 1915+105, nous avons regroupé les différentes observations dont les caractéristiques spectrales sont similaires. En effet, avec une meilleure statistique, on devrait pouvoir améliorer les contraintes sur les paramètres des modèles appliqués. Nous avons donc défini deux groupes d'observations en imposant certaines conditions sur les paramètres utilisés pour la classification établie à la

Figure 5.3. Les zones sur fond bleu de cette figure représentent ces conditions, pour lesquelles nous avons sommé les données afin d'extraire un spectre moyen pour chaque groupe.

Le premier groupe est caractérisé par un flux moyen entre 22 – 50 keV plutôt faible ($< F > \simeq 200$ mCrab) et une pente spectrale molle ($\Gamma \simeq 3,5$) ; il sera appelé l'*échantillon mou* par la suite. Le deuxième groupe, en revanche, est défini par un spectre plutôt dur ($\Gamma \simeq 2,9$) et un flux moyen en élevé ($< F > \simeq 330$ mCrab) ; par conséquent nous appellerons ce groupe l'*échantillon dur*. On note que les paires d'observations 295 & 368 (cf. Figure 5.6 gauche) et 246 & 423 (cf. Figure 5.6 droite) analysées plus haut présentent les caractéristiques typiques respectives de chacun des deux échantillons. Les observations qui ne figurent dans aucune des zones bleutées de la Figure 5.3 n'ont pas été considérées dans cette partie de l'analyse, ceci afin d'éviter un mélange des formes spectrales. Au final, les spectres des deux échantillons (cf. Figure 5.7) décrivent assez bien les états limites typiques entre lesquelles l'émission haute énergie (moyennée sur une échelle de temps de l'ordre du jour) de GRS 1915+105 semble évoluer de manière continue.

Nous avons ajusté le spectre de chaque échantillon avec plusieurs modèles différents et regroupé les résultats dans le Tableau 5.2. Comme pour les spectres moyennés par observation (cf. Sections 5.4.3 et 5.4.4), les modèles décrivant une Comptonisation à la fois thermique et non-thermique (*comptt* & *powerlaw* et *compps*) ont permis la meilleure description des données. L'amélioration considérable de la qualité des ajustements suite au rajout d'une composante additionnelle a démontré la nécessité que cette dernière soit incluse dans les modèles. L'analyse spectrale des deux échantillons a donc confirmé l'interprétation dégagée à partir des spectres individuels, en apportant davantage de contraintes aux paramètres spectraux à haute énergie.

5.5 Discussion des résultats

Suite à l'analyse présentée plus haut, nous interprétons l'émission >20 keV de GRS 1915+105 comme étant due à la présence d'électrons thermiques et non-thermiques à proximité de l'objet compact. Ces électrons produisent le rayonnement énergétique par Comptonisation des photons à basse énergie émis par

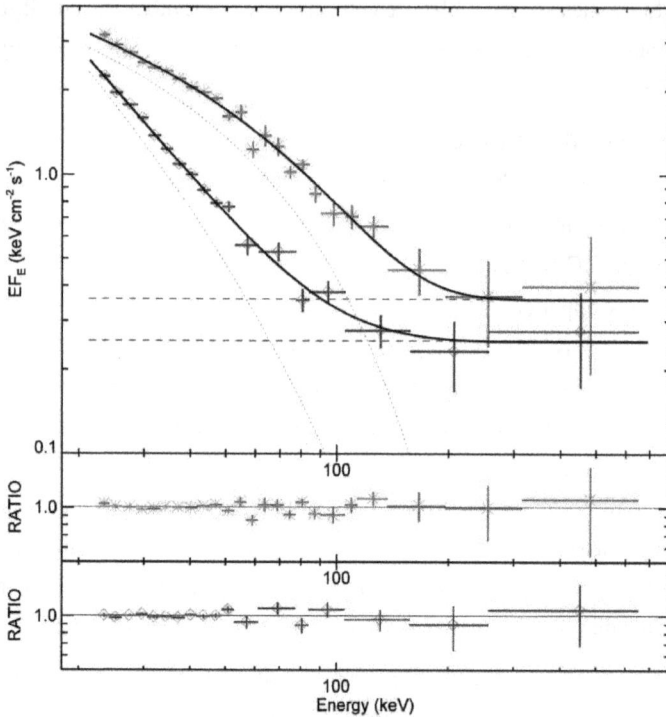

Figure 5.7 – Spectres moyens obtenus pour les échantillons mou (rouge) et dur (bleu) ajustés avec un modèle de Comptonisation thermique plus une loi de puissance à haute énergie (*comptt* & *powerlaw*). Ces spectres sont représentatifs des formes « extrêmes » de l'émission spectrale au-dessus de 20 keV moyennée par jour.

le disque d'accrétion. De par l'évolution similaire du flux sur des échelles de temps de l'ordre de la demi-heure (cf. Figures 5.4 et 5.5), il est probable que la bande X de l'instrument ASM observe majoritairement la même composante d'émission que la bande 22 – 50 keV de SPI, à savoir une composante produite par Comptonisation thermique. Cette interprétation est en accord avec les résultats présentés par Done et al. (2004), qui ont montré qu'à l'exception des sursauts très brefs de l'émission thermique du disque d'accrétion, ce dernier n'avait pas d'influence significative sur le continuum au-delà de 3 keV (voir aussi la discussion de Rodriguez et al., 2008). Ces résultats suggèrent donc que l'émission Comptonisée de GRS 1915+105 commence à dominer le spectre à des énergies relativement basses (≃ 3 keV).

Obs ID	kT_{bb} (keV)	kT_e (keV) COMPTT / COMPPS	τ	γ_{min}	Γ_e	F_{comptt}	α PL	K_{pl}	χ^2/ν	FTEST
246	1.0f	$83^{+4.2}_{-2.3}$	0.08	-	-	-	-	-	32/26	
		$18.2^{+1.1}_{-1.0}$	0.97	-	-	$3.64^{+0.04}_{-0.04}$	2.0f	$3.48^{+1.05}_{-0.96}$	27/25	4×10^{-2}
		$16.20^{+0.31}_{-0.26}$	$3.68^{+0.23}_{-0.20}$	1.36	2.12	-	-	-	28/24	
295	1.5f	44	0.18	-	-	-	-	-	72/26	
		$16.3^{+1.2}_{-0.9}$	0.57	-	-	$2.73^{+0.03}_{-0.03}$	2.0f	$3.95^{+0.66}_{-0.56}$	17/25	2×10^{-9}
		$14.43^{+0.23}_{-0.23}$	$2.70^{+0.12}_{-0.17}$	1.30	2.36	-	-	-	17/24	
368	1.5f	39	0.20	-	-	-	-	-	74/26	
		$13.4^{+1.0}_{-0.9}$	0.86	-	-	$1.94^{+0.03}_{-0.03}$	2.0f	$3.28^{+0.54}_{-0.56}$	29/25	1×10^{-6}
		$15.10^{+0.27}_{-0.29}$	$2.64^{+0.21}_{-0.30}$	1.31	2.35	-	-	-	29/24	
423	1.0f	$41^{+1.2}_{-1.7}$	0.45	-	-	-	-	-	42/26	
		$19.2^{+1.0}_{-1.0}$	1.20	-	-	$4.91^{+0.05}_{-0.05}$	2.0f	$4.27^{+1.29}_{-1.38}$	37/25	8×10^{-2}
		$17.54^{+0.31}_{-0.28}$	$4.40^{+0.20}_{-0.20}$	1.38	2.11	-	-	-	37/24	
SS	1.5f	48	0.13	-	-	-	-	-	152/26	
		$16.5^{+0.6}_{-0.6}$	0.62	-	-	$2.07^{+0.03}_{-0.03}$	2.0f	$2.75^{+0.28}_{-0.29}$	31/25	3×10^{-10}
		$14.72^{+0.16}_{-0.13}$	$2.70^{+0.10}_{-0.25}$	1.31	2.35	-	-	-	31/24	
HS	1.0f	$38^{+0.9}_{-0.9}$	0.47	-	-	-	-	-	30/26	
		$17.7^{+4.7}_{-0.7}$	1.28	-	-	$4.13^{+0.04}_{-0.04}$	2.0f	$3.31^{+0.91}_{-0.95}$	19/25	8×10^{-4}
		$18.14^{+0.31}_{-0.37}$	$4.02^{+0.15}_{-0.14}$	1.39	2.21	-	-	-	19/24	

Tableau 5.2 – Résultats des ajustements spectraux réalisés sur les observations discutées dans le texte. *Notes explicatives* : dans la première colonne, SS désigne le spectre de l'échantillon mou et HS celui correspondant à l'échantillon dur. Pour chaque spectre, la première ligne correspond à un modèle de Comptonisation purement thermique (*comptt*), la seconde ligne résume les paramètres dérivés à partir du modèle *comptt & powerlaw* et la dernière donne les résultats de l'ajustement des spectres avec *compps*. La température des photons cibles a été fixée respectivement à 1,0 keV et 1,5 keV pour les deux formes spectrales typiques. Les erreurs sur l'ajustement avec *comptt* sont évaluées sur kT_e pendant que τ a été fixé à la valeur obtenue lors du meilleur ajustement. Pour le modèle *compps*, nous avons spécifié une géométrie sphérique et exclu la composante de réflexion. Les barres d'erreur sont évaluées simultanément sur kT_e et τ pendant que γ_{min} et Γ_e ont été fixés aux valeurs ajustées. F_{comptt} désigne le flux d'énergie produit par la composante de Comptonisation thermique dans la bande 20 − 500 keV et la valeur donnée est exprimée en unités de 10^{-9} erg·cm^{-2}·s^{-1}. K_{pl} représente la valeur à 100 keV du flux de la loi de puissance à haute énergie et nous l'avons exprimé en unités de 10^{-5} photons·cm^{-2}·s^{-1}·keV^{-1}.

Les résultats de l'analyse des observations individuelles ont montré que l'appartenance à une certaine classe de variabilité ne permettait pas de faire des conclusions relatives aux propriétés macroscopiques du processus de Comptonisation (température des électrons, profondeur optique etc.). En particulier, les observations 295 et 423 ont montré que la classe « χ », généralement assimilée à l'état dur-intermédiaire de la classification spectrale canonique des systèmes à trou noir (Belloni et al., 2005; Rodriguez et al., 2008), peut correspondre à des formes spectrales assez différentes en X-dur. En revanche, l'analyse des observations 295 et 368 a révélé que la distribution spectrale de l'émission à haute énergie (moyennée sur un jour) peut être quasi-identique alors que les caractéristiques temporelles de la source sont complètement différentes. Cette situation pourrait indiquer que les épisodes de variabilité rapide, typiquement attribués à des sursauts du disque, sont séparés par des phases de retour à un état d'émission se rapprochant de l'état stable (i.e. l'état « χ »), dont la contribution détermine l'aspect à haute énergie du spectre mesuré. Quoi qu'il en soit, sous l'hypothèse que la partie dominante de l'émission entre 3 – 50 keV est produite par une *couronne d'électrons thermalisés*, nous pouvons conclure qu'il n'y a pas de corrélation entre la variabilité à courte échelle de temps (probablement rythmée par le disque) et les propriétés de la couronne (géométrie, température, profondeur optique), qui eux semblent évoluer sur des échelles de temps plus longues. Nous allons discuter davantage ces paramètres à l'aide des résultats obtenus pour les échantillons mou et dur, représentatifs des propriétés (moyennés sur un jour) « extrêmes » de la couronne.

Pour l'échantillon mou, l'analyse spectrale montre que les luminosités >20 keV des composantes thermiques et non-thermiques sont approximativement égales. Les flux énergétiques (en unité $E \cdot F_E$) attribués aux deux composantes se croisent aux alentours de 60 keV (cf. Figure 5.7) ; à des énergies de 100 keV le spectre est déjà largement dominé par les processus non-thermiques. Sous l'hypothèse que les deux composantes sont liées, nous avons estimé que les électrons dont le facteur de Lorentz était inférieur à $\gamma_{min} \simeq 1,3$ sont thermalisés alors que la partie plus énergétique de la distribution peut être décrite par une loi de puissance d'indice spectral $\Gamma_e \simeq 2,35$. Le modèle suggère que la température d'équilibre de la partie thermique est plutôt faible ($kT_e \simeq 14,7 \pm 0,2$ keV) ; en revanche, la profondeur optique du milieu est assez élevée ($\tau \simeq 2,7 \pm 0,2$). Une telle configuration évoque les caractéristiques typiques des états très intenses des binaires à trou noir (Done & Kubota, 2006), défini par un taux d'accrétion élevé et la présence simultanée d'une forte émission du disque et de la couronne.

Pour l'échantillon dur, nous trouvons que la luminosité de la composante non-thermique est approximativement égale à celle estimée pour l'échantillon mou. Cependant, l'énergie pivot à partir de laquelle la composante non-thermique commence à dominer le flux énergétique se situe maintenant au-delà de 100 keV (cf. Figure 5.7). Par rapport à l'échantillon mou, la composante thermique a donc nettement gagné en influence, avec une augmentation d'un facteur 2,0 ± 0,04 de sa luminosité. Dans le cadre d'une distribution hybride, nous pouvons estimer que les électrons sont thermalisés en-dessous du facteur de Lorentz $\gamma_{min} \simeq 1,4$, contre $\gamma_{min} \simeq 1,3$ pour l'échantillon mou. Par rapport à ce dernier, la Comptonisation est beaucoup plus efficace : le paramètre y du plasma, qui caractérise le produit entre la variation d'énergie moyenne par diffusion et le nombre moyen de diffusions successives :

$$y = \frac{4kT}{m_e c^2} \max(\tau, \tau^2) \tag{5.1}$$

passe de $y \simeq 0,85$ à $y \simeq 2,25$. Ceci indique que le plasma a soit gagné en température, soit en profondeur optique (ou un mélange des deux), et explique ainsi la différence de flux observée entre les deux spectres. Même si la dégénérescence entre kT_e et τ empêche une conclusion non-équivoque, les résultats obtenus avec le modèle *compps* suggèrent que le milieu a surtout gagné en profondeur optique, tandis que la température des électrons de la couronne semble rester comprise entre $15 - 20$ keV.

Nous observons donc que la luminosité de la composante thermique évolue d'un facteur ~2 entre les deux échantillons alors que la partie non-thermique reste constante dans les barres d'erreur. Malgré ces changements, les paramètres qui décrivent l'échantillon dur sont toujours compatibles avec les caractéristiques typiques des états très intenses. L'étude des propriétés à haute énergie confirme donc que GRS 1915+105 occupe quasi constamment cet état spectral particulier que d'autres systèmes n'atteignent que pendant les phases d'activité les plus violentes (Done et al., 2004).

6. L'état dur-lumineux de GX 339-4

6.1 Introduction

La deuxième source que nous allons étudier est GX 339–4, un système dont les propriétés spectro-temporelles en rayons X/γ sont considérées comme étant représentatives des LMXB à trou noir. Les résultats présentés et discutés dans ce chapitre ont pour la première fois été publiés dans *The Astrophysical Journal* (Droulans et al., 2010).

6.1.1 Caractéristiques de la source

La source appelée GX 339–4 a été découverte au début des années 70 par le télescope X à bord de la mission OSO-7 du MIT (Markert et al., 1973). Elle a été classifiée en tant que LMXB suite à la luminosité optique très faible de l'étoile compagnon (Shahbaz et al., 2001). La fonction de masse du système, estimée à 5,8 ± 0,5 $M_\odot$ par Hynes et al. (2003), suggère que l'objet compact de GX 339–4 est un trou noir.

L'inclinaison du système par rapport à la ligne de visée est sujette à des incertitudes. Une étude des paramètres orbitaux de la binaire a montré que l'inclinaison était probablement assez élevée, i.e. supérieure à 45° (Zdziarski et al., 2004), tandis que Cowley et al. (2002) avaient conclu qu'elle devait être inférieure à 60°, puisque le système ne présente pas d'éclipses. En revanche, des études de la forme spectrale de la raie K_α du fer réalisées grâce à des données de Chandra (Miller et al., 2004) et XMM Newton (Miller et al., 2004; Reis et al., 2008) ont montré des résultats différents, à savoir que les régions internes du disque d'accrétion étaient faiblement inclinées (typiquement $i \simeq 20°$) par rapport à la ligne de visée. Cette incohérence entre les différentes méthodes pourrait indiquer que le disque d'accrétion interne est tordu, ainsi que son inclinaison dévie de celle du plan de la binaire.

La distance qui nous sépare de la source est, elle aussi, connue de manière seulement approximative. En analysant la structure des vitesses le long de la ligne de visée, Hynes et al. (2004) ont déterminé une limite inférieure de $d \geq 6$ kpc. L'analyse des paramètres orbitaux de la binaire, menée par Zdziarski et al. (2004), a permis d'évaluer que la distance la plus probable se situe autour de 8 kpc. Dans la présente étude, nous avons utilisé les valeurs $d = 8$ kpc, $i = 50°$ et, en supposant que la masse de l'étoile compagnon est faible devant celle de l'objet compact, nous estimons une masse du trou noir de $M = 13$ $M_\odot$ à partir de la fonction de masse précitée.

6.1.2 Motivation

Du point de vue de ses émissions de rayonnement, GX 339–4 est une source bien connue. A long terme, l'évolution du est flux typique des systèmes transitoires (cf. Section 3.2.1), avec des alternances entre phases de forte activité radiative et phases de quiescence (Zdziarski et al., 2004). De plus, l'évolution des propriétés spectrales de GX 339–4 tout au long des phases d'activité est considérée comme représentative des systèmes LMXB à trou noir. En effet, Belloni et al. (2005) ont montré que la source suit un trajet en forme de « q » lorsque l'on représente son évolution dans un diagramme dureté/intensité, i.e. un diagramme qui trace le flux entre 2,5 – 20 keV en fonction du rapport de dureté (typiquement le rapport entre les bandes 9 – 18 keV et 2,5 – 6 keV) (Homan & Belloni, 2005; Belloni et al., 2006). Une évolution similaire a été observée pour d'autres LMXB à trou noir (p.ex. Motta et al., 2010), ce qui suggère qu'il s'agit d'une caractéristique générale de cette classe de sources (Dunn et al., 2010).

A haute énergie, la source a été étudiée par différents auteurs, dont notamment Joinet et al. (2007) qui ont analysé les données RXTE et INTEGRAL de l'état dur de l'épisode d'activité de 2004. Alors que trois des quatre observations montraient un spectre typique bien décrit par un processus de Comptonisation thermique, Joinet et al. (2007) rapportent la détection d'un excès à haute énergie par rapport à ce modèle dans la quatrième observation, cette dernière ayant été la plus lumineuse. Cette observation est très intéressante car elle montre que, dans les états durs très lumineux, la partie la plus énergétique du spectre semble incompatible avec les lois d'une simple Comptonisation thermique.

La présente étude embraye sur celle de Joinet et al. (2007) en analysant de manière précise l'évolution spectrale de GX 339–4 lors d'un état dur très lumineux, observé pendant l'épisode d'activité de 2007. Vu le caractère représentatif du comportement spectral de la source, la mesure précise de l'émission haute énergie est de première importance pour améliorer notre compréhension des systèmes LMXB.

6.2 Observations

Instruments	Obs. ID	MJD start	MJD stop	Exp time (ksec)
SPI/IBIS	525	54130.6	54132.2	107
SPI/IBIS	low (cutoff)	—	—	36
SPI/IBIS	high (excess)	—	—	36
PCA/HEXTE	92035-01-01-02	54131.10	54131.17	3.7
PCA/HEXTE	92035-01-01-04	54132.08	54132.15	3.7

Tableau 6.1 – Carnet des observations qui sont étudiées dans ce chapitre.

Les données que nous avons utilisées pour cette étude ont été obtenues par les observatoires INTEGRAL et RXTE à la fin du mois de Janvier 2007. A ce moment-là, GX 339–4 était très brillante en rayons X-dur (cf. Figure 6.1) et Motta et al. (2009) ont conclu à partir des propriétés spectro-temporelles que la source se trouvait dans un état dur. Grâce au flux relativement élevé, les données SPI de cette période présentent un très bon rapport signal sur bruit, ce qui permet une analyse des propriétés à haute énergie sur des échelles de temps relativement courtes.

6.2.1 Instruments et réduction des données

Les données SPI utilisées pour cette étude ont été accumulées lors de la révolution 525 d'INTEGRAL. Nous avons suivi le protocole de sélection et de traitement des données exposé à la Section 4.3.5. En retenant les 50 pointages où la source se situe à moins de 12° de l'axe et qui présentent un niveau de bruit de fond normal, nous avons obtenu une exposition utile totale de 107 ksec.

L'archive des données RXTE contient deux observations pointées de PCA qui coïncident avec la révolution 525 d'INTEGRAL (cf. Tableau 6.1). Ces observations, qui durent chacune environ une heure, ont eu lieu respectivement un peu avant le milieu et vers la fin de la série de pointages INTEGRAL. Les périodes correspondantes sont indiquées par les zones hachurées sur le diagramme de la Figure 6.2. Pour chaque observation, nous avons téléchargé les produits standards mis à disposition de la communauté au travers du site de l'HEASARC[14] et analysé les spectres dans *xspec* v11.3.2 (Arnaud, 1996). Suivant la procédure employée par Motta et al. (2009), nous avons additionné une erreur systématique de 0,6% à chaque canal. A part une différence de flux de 3%, les spectres PCA moyennés sur chaque observation sont compatibles entre eux ; nous les avons additionnés en utilisant la routine *addspec* de la compilation de logiciels de traitement de données *ftools*.

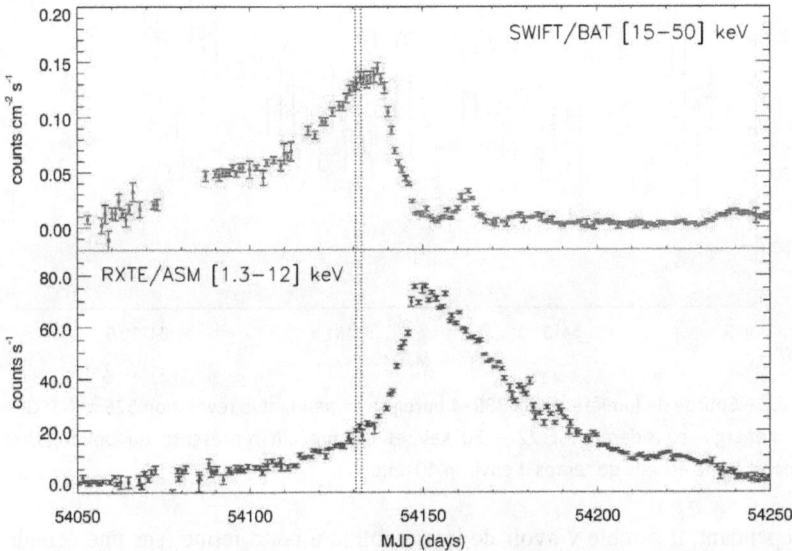

Figure 6.1 – Evolution à long terme du flux moyenné par jour de GX 339–4. L'évolution dans la bande X-dur (15 – 50 keV), tracé en rouge, a été suivi par l'instrument BAT sur Swift et le flux en X (1,2 – 12 keV), tracé en bleu, a été mesuré par le moniteur ASM sur RXTE. Les deux courbes de lumière montrent l'évolution typique d'un système transitoire à trou noir, avec d'abord une montée en intensité à spectre quasi-constant, puis la transition spectrale principale et finalement un déclin quasi-exponentiel du flux.

---

[14] http://heasarc.gsfc.nasa.gov/docs/archive.html

6.2.2 Courbe de lumière X-dur et groupes de données

Nous avons commencé l'étude de l'observation 525 par une analyse de la courbe de lumière en X-dur mesurée par SPI. Comme évoqué précédemment, le flux dans la bande 22 – 50 keV est relativement élevé, avec une valeur moyenne d'environ 650 mCrab. La Figure 6.2 montre l'évolution du flux par pointage, ce qui correspond à une échelle de temps de l'ordre de 40 min. De manière globale, la courbe de lumière ne montre pas d'évolution spécifique, ce qui indique que la source est restée dans le même état spectral au cours de l'observation.

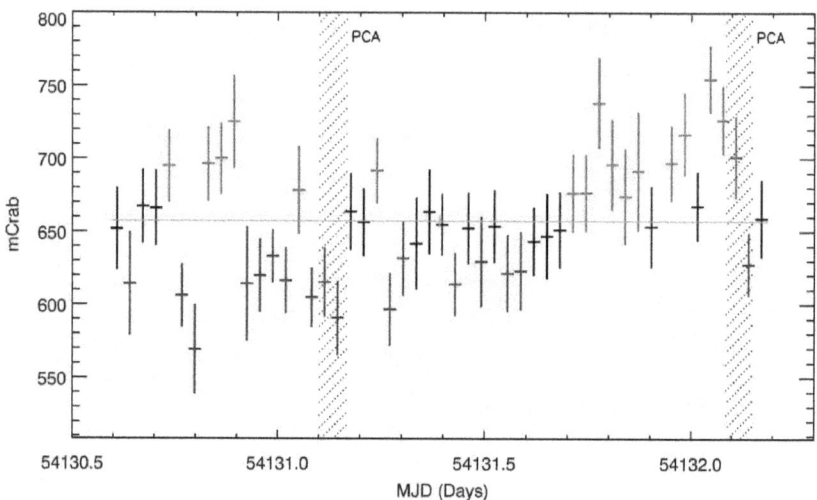

Figure 6.2 – Courbe de lumière de GX 339–4 enregistrée pendant la révolution 525 d'INTEGRAL. La bande d'énergie considérée est 22 – 50 keV et chaque bin représente un pointage, ce qui correspond à une échelle de temps d'environ 40 min.

Cependant, il semble y avoir de la variabilité à court terme (sur une échelle de temps de l'ordre de l'heure, ou moins), avec des différences de flux entre différents pointages pouvant atteindre les 25%. Pour évaluer si ces différences pouvaient être liées à une évolution des propriétés spectrales, nous avons choisi deux valeurs seuils (F_{bas} = 640 mCrab et F_{haut} = 670 mCrab) et regroupé tous les pointages pour lesquels $F_i < F_{bas}$ et $F_i > F_{haut}$, respectivement. Pour chacun des deux groupes de pointages, appelés groupes *haut* et *bas* dans la suite et identifiés à l'aide des coloris bleu et rouge dans la Figure 6.2, nous avons alors extrait le spectre moyen entre

25 – 500 keV. Notons que les deux groupes comprennent un nombre de pointages égal ; ceci facilitera la comparaison des deux spectres, sachant qu'ils auront une statistique comparable. Grâce au flux élevé de la source, les canaux à haute énergie de SPI fournissent des résultats significatifs, même avec un nombre de pointages assez faible.

6.3 L'émission à haute énergie

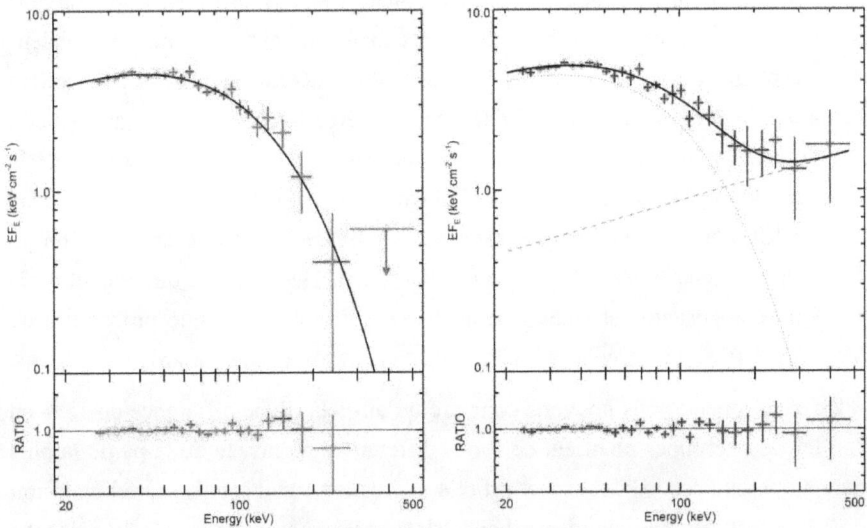

Figure 6.3 – *Gauche* : spectre de l'état *cutoff* ajusté avec une loi de puissance à coupure exponentielle. Droite : idem pour le spectre *excess*, qui nécessite cependant une deuxième loi de puissance pour décrire l'excès à haute énergie.

6.3.1 Spectres

Les spectres moyens entre 25 – 500 keV, établis à partir de chacun des deux groupes décrits dans la section précédente, montrent une différence de flux de 14%. Pour évaluer leurs propriétés de manière phénoménologique, nous les avons analysés dans *xspec* en utilisant un modèle très simple, à savoir une loi de puissance à coupure exponentielle. L'incertitude sur les paramètres ajustés représente un intervalle de confiance à 90% ($\Delta\chi^2 = 2{,}7$). Comme les données SPI ne descendent pas assez bas en énergie pour contraindre simultanément l'indice de photon et l'énergie de coupure, nous avons fixé l'indice à Γ = 1,3, valeur obtenue lors du meilleur ajustement. Le modèle fournit une bonne description de la forme spectrale du groupe bas ($\chi^2/22$ = 0,75) avec une coupure exponentielle requise à E_c = 58,6 ± 2,2 keV (cf. Figure 6.3 gauche).

Pour le spectre obtenu à partir du groupe haut, la courbure assez importante aux alentours de 40 keV nécessite à nouveau une coupure exponentielle, ajustée cette fois-ci à E_c = 56,2 ± 2,1 keV (cf. Figure 6.3 gauche). Cependant, contrairement au résultat obtenu pour le groupe bas, cet ajustement n'est pas satisfaisant : par rapport au modèle, nous observons en effet un excès à haute énergie qui entraîne une valeur non acceptable du χ^2 réduit ($\chi^2/28$ = 1,82). Pour décrire cet excès de manière phénoménologique, nous avons ajouté une deuxième loi de puissance au modèle, pour laquelle nous avons fixé l'indice de photon à Γ = 1,6[15]. La présence de la deuxième loi de puissance permet d'obtenir un ajustement de bonne qualité ($\chi^2/27$ = 1,03), avec une coupure ajustée à E_c = 49,5 ± 3,8 keV. L'amélioration du χ^2 est importante et le *ftest* (Bevington & Robinson, 1992) stipule que l'ajout de la deuxième composante est statistiquement indispensable, avec une probabilité de P_{ftest} = 6,1 × 10^{-5} que l'amélioration de l'ajustement soit due au hasard.

Par conséquent, nous pouvons conclure qu'au-delà d'une différence de 15% en flux, les deux groupes montrent de fortes différences au niveau de la partie la plus énergétique du spectre. Cet aspect est très intéressant car il suggère que l'émission >150 keV est variable sur des échelles de temps assez courtes. Vu la présence respective d'une coupure exponentielle et d'un excès dans les données des groupes *bas* et *haut*, les spectres associés seront appelés « *cutoff* » et « *excess* » dans la suite du chapitre.

6.3.2 Imagerie et robustesse des résultats

Comme nous l'avons détaillé à la section 4.3.3, l'extraction du flux des sources à partir des données brutes est sensible à la manière dont on soustrait le bruit de fond. De plus, un modèle de ciel qui comprend trop ou trop peu de sources peut gêner le processus et aboutir, le cas échéant, à des résultats faussés. Pour ces

---

[15] Nous avons fixé ce paramètre car sa valeur n'est pas contrainte pas les données ; en le laissant libre, nous évaluons un intervalle de confiance à 90% de $\Gamma \in$ [0,3 ; 1,9].

raisons, nous avons vérifié les résultats présentés à la section précédente par une série de tests.

Tout d'abord, nous utilisons l'algorithme de détection itératif de sources implémenté dans *spiros* (cf. Section 4.3.4) pour construire l'image du ciel dans la bande 150 – 450 keV. Lors d'une analyse des données du groupe *haut, spiros* associe un excès de 347,4 ± 49,9 mCrab à la position de GX 339–4, i.e. la source est détectée de manière aveugle avec une significativité de 7σ. En revanche, l'algorithme n'arrive pas à détecter la source dans l'image établie à partir des données du groupe bas, où la significativité du flux résiduel à la position de GX 339–4 est inférieure à 2,5σ. Hormis l'excès associé à GX 339–4, les résidus sont distribués de manière uniforme dans les deux images et leur significativité ne dépasse jamais le seuil de 4σ.

Comme GX 339–4 est la seule source susceptible d'être détectée au-delà de 150 keV, nous avons utilisé un modèle de ciel qui ne contient aucune autre source pour re-extraire la partie haute énergie du spectre. Aussi, nous avons appliqué différentes cartes de non-uniformité du bruit de fond, établies à partir d'observations de champs vides effectuées sur des régions et à des instants différents. Finalement, nous avons spécifié différentes échelles de temps pour l'extraction des flux de la source et l'évaluation du bruit de fond. Les résultats obtenus par ces différentes méthodes sont tous cohérents entre eux (i.e. compatibles dans les barres d'erreur à 1σ). Ceci montre que la partie haute énergie des spectres est robuste et ne dépend pas des détails de la procédure d'extraction de données. Nous concluons donc que l'excès à haute énergie détecté dans le groupe *haut* n'est pas un artefact mais que la présence d'une composante d'émission additionnelle est belle et bien d'origine physique.

6.3.3 Evolution temporelle

La présence de l'excès à haute énergie dans le jeu de données *haut* suggère que l'apparition de ce dernier est liée à l'intensité du flux entre 25 – 50 keV de la source. Pour explorer cet aspect, nous avons extrait des courbes de lumière dans les

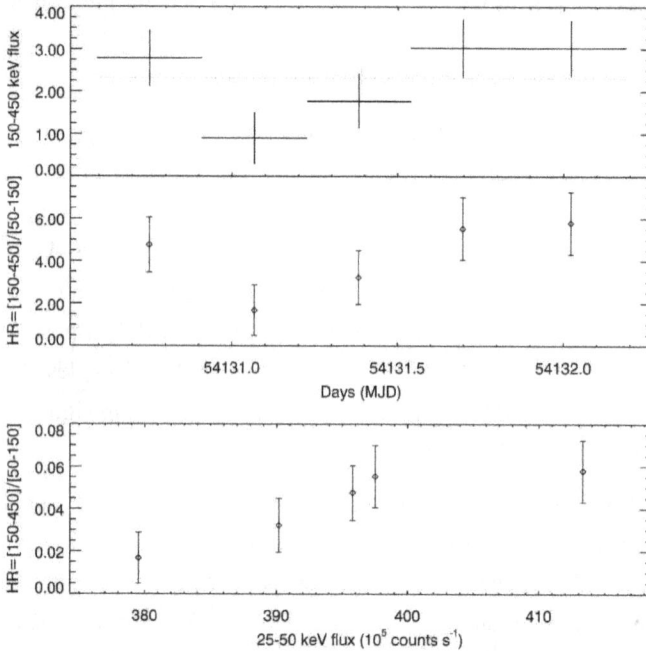

Figure 6.4 – *Haut* : courbe de lumière SPI dans la bande 150 − 450 keV avec une échelle de temps de ≃7 h. Le flux est donné en unités de 10^5 counts s^{-1}. La croix verte indique le flux moyen et son incertitude. *Milieu* : rapport de dureté à haute énergie (i.e. rapport des flux dans les bandes [150 − 450] keV / [50 − 150] keV) en fonction du temps. *Bas* : rapport de dureté à haute énergie en fonction du flux dans la bande 25 − 50 keV.

bandes 25 − 50 keV, 50 − 150 keV et 150 − 450 keV sur une échelle de temps équivalente à 10 pointages (i.e. d'une durée approximative de 7 h). En sommant les données sur plusieurs pointages, nous arrivons en effet à avoir une bonne statistique et donc à suivre l'évolution du flux à haute énergie sur cette même échelle de temps. Ensuite nous avons calculé le rapport des flux dans les bandes 150 − 450 keV et 50 − 150 keV et tracé ce rapport en fonction du temps et en fonction du flux dans la bande 25 − 50 keV. Sur ces tracés, représentés à la Figure 6.4, nous voyons clairement que l'intensité de la composante à haute énergie est positivement corrélée avec le flux dans la bande 25 − 50 keV. Nous avons fait la même analyse sur des échelles de temps légèrement différentes (en sommant les données sur 8 ou 12 pointages) et les résultats obtenus confirment cette tendance.

Au final, comme le flux entre 25 – 50 keV est un bon traceur de la luminosité totale dans les états durs, nous concluons que l'intensité de la queue à haute énergie de GX 339–4 est vraisemblablement corrélée avec la luminosité totale de la source. En d'autres termes, nous soupçonnons que c'est lorsque la puissance d'accrétion dépasse un certain seuil que la composante additionnelle du spectre commence à apparaître.

Pour des raisons statistiques évidentes, les données SPI ne permettent pas de quantifier l'échelle de temps exacte du phénomène. Néanmoins, de par la courbe de lumière dans la bande 25 – 50 keV (cf. Figure 6.2) et de par la corrélation dégagée lors de l'analyse précédente, nous estimons que l'échelle de temps de la variabilité spectrale à haute énergie est inférieure à 7 h.

6.3.4 Et les autres instruments ?

Comme la détection d'une queue à haute énergie dans l'état dur représente un résultat important, nous avons effectué une dernière vérification : une comparaison de nos résultats avec ceux obtenus par les autres instruments à haute énergie actuellement en vol. Nous avons donc analysé les données mesurées simultanément par l'imageur IBIS/ISGRI (Ubertini et al., 2003, cf. Chapitre 4) à bord d'INTEGRAL et par le collimateur à haute énergie HEXTE (cf. Chapitre 3) à bord de RXTE. Les spectres enregistrés par HEXTE lors des deux observations concernées (cf. Tableau 6.1) ont été présentés et analysés par Motta et al. (2009), qui ont eu la gentillesse de nous fournir leurs résultats. Les deux spectres sont compatibles entre eux (les barres d'erreurs à 1σ se chevauchent) ; nous les avons donc additionnés pour améliorer la statistique des canaux à haute énergie.

Les spectres SPI et IBIS/ISGRI moyennés sur l'ensemble de l'observation 525 ont été présentés par Caballero-García et al. (2009) qui rapportent la détection d'un excès à haute énergie (>150 keV) par rapport à un modèle purement thermique (i.e. à coupure quasi-exponentielle). Nous avons recalculé le spectre moyen à partir des données brutes d'IBIS/ISGRI en utilisant les versions les plus récentes des logiciels standard (*O.S.A.* 8.0) développés pour le traitement des données INTEGRAL. Le spectre SPI moyenné sur toute l'observation a été extrait de la même manière que les spectres des groupes *bas* et *haut* présentés précédemment.

Ensuite, nous avons analysé les trois spectres individuellement et simultanément dans *xspec*. Cette analyse montre un très bon accord entre les résultats des trois instruments, non seulement au niveau de la forme spectrale mais aussi au niveau de la normalisation. En particulier, les données IBIS/ISGRI et HEXTE confirment la présence d'un excès à haute énergie par rapport à un modèle en loi de puissance à coupure exponentielle (cf. Tableau 6.2).

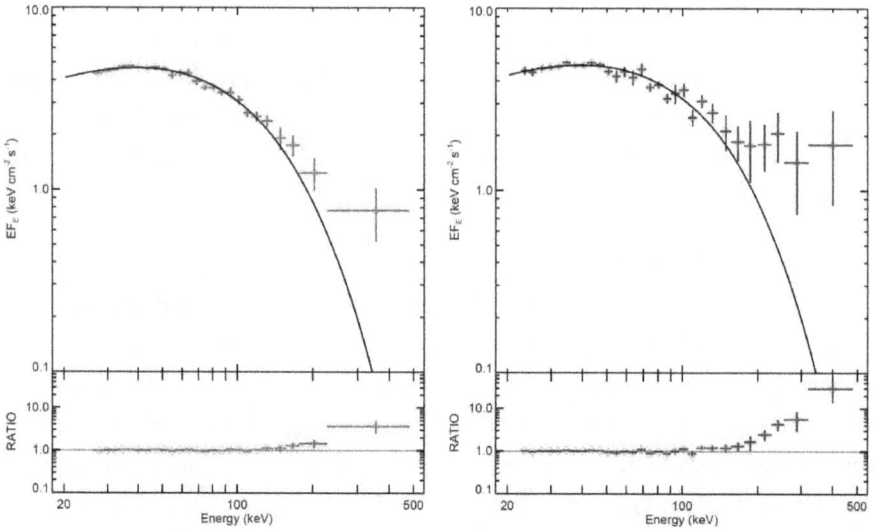

Figure 6.5 – *Gauche* : spectre total de la révolution 525 ajusté avec une loi de puissance à coupure exponentielle. Les canaux à haute énergie ont été regroupés pour la clarté de la figure. *Droite* : idem pour le spectre *excess*. Les deux spectres montrent un excès à haute énergie.

Pour évaluer si un modèle de Comptonisation thermique est compatible avec les données, nous avons utilisé le code *eqpair* (Coppi, 1999, cf. Section 6.4) qui permet (entre-autre) de calculer de manière auto-cohérente le spectre inverse-Compton produit par un gaz d'électrons thermalisés. Un tel modèle prend en compte une éventuelle composante additionnelle suite à la réflexion des photons X-dur par le disque d'accrétion. La composante réfléchie possède une distribution spectrale en énergie qui pique typiquement vers 40 keV ; son amplitude peut donc avoir une influence sur la forme du continuum sous-jacent. Comme les données >20 keV ne permettent pas de contraindre l'amplitude de cette composante, nous l'avons fixée à $\Omega/2\pi = 0,35$, la valeur moyenne des différents ajustements de ce paramètre réalisés à l'aide d'une couverture spectrale plus large (cf. Section 6.4). Cette valeur est en accord avec celles trouvées dans différentes études spectrales récentes sur GX 339–4 (Del Santo et al., 2008; Caballero-García et al., 2009).

Comme on peut le voir dans le Tableau 6.2 et la Figure 6.6, l'analyse individuelle et simultanée des spectres moyens mesurés par les trois instruments a montré que l'émission de la source n'était pas bien reproduite par un modèle de Comptonisation purement thermique. La significativité de l'excès à haute énergie étant relativement élevée, les données IBIS/ISGRI et HEXTE confirment le besoin d'invoquer une composante additionnelle à haute énergie.

Instrument	Model	$(\chi^2/\nu)_i$	$(\chi^2/\nu)_f$	P_{FTEST}
SPI	CUTOFFPL	36/26	18/25	4×10^{-5}
	EQPAIR	47/26	22/25	2×10^{-5}
IBIS/ISGRI	CUTOFFPL	32/29	26/28	2×10^{-2}
	EQPAIR	39/29	25/28	5×10^{-4}
HEXTE	CUTOFFPL	59/44	47/43	2×10^{-3}
	EQPAIR	66/44	47/43	1×10^{-4}
SPI+IBIS+HEXTE	CUTOFFPL	145/103	105/102	1×10^{-8}
	EQPAIR	141/103	99/102	2×10^{-9}

Tableau 6.2 – Quantification de la significativité de l'excès à haute énergie dans les spectres moyens SPI, IBIS/ISGRI et HEXTE par rapport à un modèle (phénoménologique) en loi de puissance à coupure exponentielle et un modèle (physique) de Comptonisation thermique. Pour modéliser l'excès, nous avons ajouté une deuxième loi de puissance avec un indice spectral fixé à $\Gamma = 2,0$ au modèle phénoménologique tandis que nous avons inclus du chauffage non-thermique dans le modèle physique. A chaque fois, nous comparons les résultats d'un ajustement spectral avant $(\chi^2/\nu)_i$ et après $(\chi^2/\nu)_f$ avoir ajouté un degré de liberté, avec la probabilité *ftest* que l'amélioration soit due au hasard.

Nous avons réalisé le même découpage avec les données IBIS/ISGRI que précédemment avec SPI (i.e. les groupes de données *haut* et *bas*). Les deux spectres IBIS/ISGRI correspondant respectivement à chacun des deux groupes sont compatibles avec ceux mesurés par SPI (présentés plus haut). Cependant, comme le temps d'exposition ne représente qu'un tiers du temps d'exposition total de l'observation 525, l'excès à haute énergie est moins significatif dans les données IBIS/ISGRI correspondant au groupe *haut*. Ceci n'est pas surprenant, puisque au-delà de 200 keV, la sensibilité de SPI est meilleure que celle de tout autre instrument. Les données IBIS/ISGRI n'améliorent donc pas les contraintes à haute énergie sur les modèles. L'excès détecté étant pour le moins remarquable, une analyse physique sera proposée plus loin dans ce chapitre.

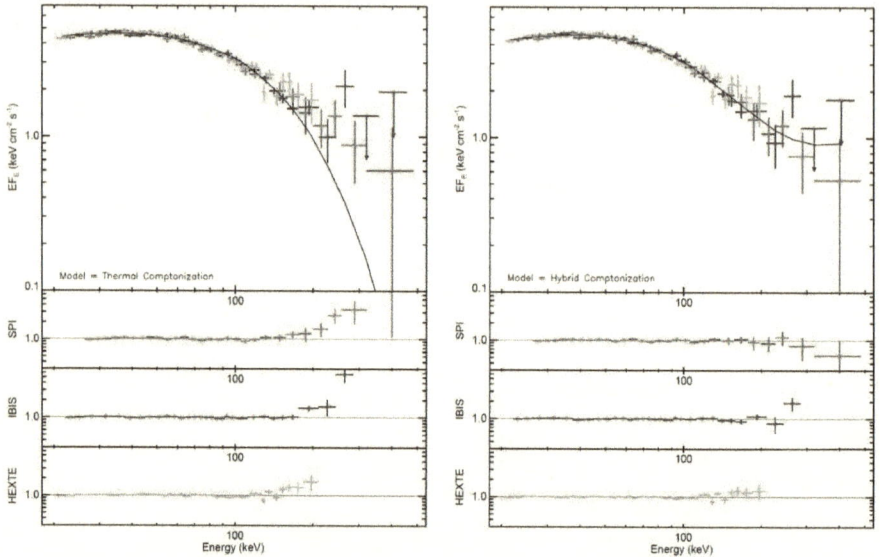

Figure 6.6 – Spectres moyens mesurés par SPI (rouge), IBIS/ISGRI (bleu) et HEXTE (vert), ajustés simultanément avec un modèle de Comptonisation purement thermique (gauche) et un modèle de Comptonisation hybride (thermique & non-thermique, droite). La normalisation des spectres a été fixée à la calibration de SPI et nous avons appliqué des facteurs multiplicatifs respectifs de $C_{ISGRI} = 1{,}03$ et $C_{HEXTE} = 1{,}10$. Les résidus sont indiqués séparément pour chaque instrument et montrent qu'un modèle purement thermique n'est pas capable d'expliquer l'émission au-delà de 150 keV.

6.4 Analyse spectrale à bande large

Les spectres mesurés par SPI ont montré que l'émission de la source s'étend au moins jusqu'à 500 keV. De plus, la forme de la partie la plus énergétique du spectre semble varier sur des échelles de temps assez courtes. Pour identifier et quantifier les processus et les paramètres qui sont susceptibles d'engendrer le comportement observé, nous avons élargi la bande spectrale et analysé les spectres entre 4 − 500 keV à l'aide de différents modèles physiques. Comme la variabilité spectrale semble se produire uniquement à haute énergie[16], nous avons ajusté simultanément chacun des deux spectres SPI avec le spectre moyenné sur les deux pointages PCA (cf. Section 6.2). Suite aux incertitudes de calibration entre les deux instruments, nous avons ajouté un facteur multiplicatif constant aux mesures de PCA. Ce facteur, qui permet également de prendre en compte la différence de luminosité entre les deux spectres SPI, ne s'écarte jamais de plus de 8 % de l'unité. Hormis de très légères différences dans les valeurs des χ^2 obtenues avec les différents modèles, l'utilisation d'un des deux spectres PCA à la place du spectre sommé ne change pas les résultats de l'analyse présentée.

6.4.1 Modèle général

Pour sonder la physique du voisinage du trou noir de manière cohérente et précise, nous avons eu recours à une modélisation complexe. Celle-ci tient compte de tous les processus physiques susceptibles de jouer un rôle afin de quantifier la distribution des photons qui, après de multiples interactions de tout genre, finissent par s'échapper du flot d'accrétion. Il s'agit du modèle le plus complet jamais utilisé pour ajuster des données à haute énergie d'un objet compact. Pour calculer les spectres prédits, nous avons utilisé les codes numériques *eqpair* (Coppi, 1999) et *belm* (Belmont et al., 2008).

Nous considérons un milieu sphérique de rayon R (la couronne), complètement ionisé (composé de protons et de leptons) dans un état stationnaire. Le plasma est potentiellement magnétisé et son émission est dérivée en calculant de manière autocohérente les distributions d'équilibre des particules. Ces calculs prennent en compte les diffusions Compton (l'utilisation de la section efficace de Klein-Nishina garantit un traitement général et précis du phénomène), l'émission/absorption synchrotron, la production/annihilation de paires électron-positron et les collisions Coulomb entre particules.

Les propriétés radiatives du plasma dépendent essentiellement de sa profondeur optique, de l'intensité du champ magnétique et bien sûr de la puissance extérieure injectée au milieu. L'épaisseur optique de Thomson du plasma est donnée par

---

[16] Les deux fenêtres d'observation fournies par *RXTE* montrent une forme spectrale quasi constante, même si nous ne pouvons pas formellement exclure que la forme spectrale ne varie à basse énergie.

$\tau_T = \tau_{ion} + \tau_{pair}$ où $\tau_{ion} = n_{ion}\sigma_T R$ représente la profondeur optique des électrons d'ionisation (associés aux protons de densité numérique n_{ion}) et $\tau_{pair} = 2n_{e+}\sigma_T R$ correspond à la profondeur optique due à la présence de paires, avec n_{e+} représentant la densité numérique des positrons ; σ_T dénote la section efficace de Thomson. L'intensité du champ magnétique B est paramétrée par la compacité magnétique :

$$l_B = \frac{\sigma_T}{m_e c^2} R \frac{B^2}{8\pi}. \tag{6.1}$$

et, de manière équivalente, on a :

$$B = 5.9 \times 10^5 \left[l_B \frac{30 R_G}{R} \frac{20 M_\odot}{M} \right]^{1/2} \text{G}. \tag{6.2}$$

L'injection d'énergie en provenance de sources extérieures est quantifiée par la compacité radiative :

$$l = \frac{\sigma_T}{m_e c^3} \frac{L}{R} \tag{6.3}$$

où L représente la puissance totale fournie au plasma, m_e la masse de l'électron au repos et c la vitesse de la lumière. Dans toute sa généralité, le modèle comprend trois canaux différents pour injecter de l'énergie au système couplé électron-photon :

1. l'accélération non-thermique des électrons, quantifiée par le paramètre l_{nth}. Cette accélération est décrite de manière phénoménologique par l'injection stationnaire d'électrons distribués en loi de puissance à indice spectral Γ_{inj} (donc de la forme $n_e(\gamma) \propto \gamma^{-\Gamma_{inj}}$). L'étendue du régime d'accélération est spécifiée par les facteurs de Lorentz γ_{min} et γ_{max} qui délimitent la distribution des particules injectées.

2. le chauffage thermique des électrons, quantifié par le paramètre l_{th}. Le chauffage thermique intervient suite aux interactions Coulomb entre les électrons et une distribution Maxwellienne de protons chauds.

3. l'injection d'un champ de photons UV/X, quantifié par le paramètre l_s. Physiquement, ces photons sont émis par une source extérieure, typiquement par le disque d'accrétion, plus rarement par une étoile proche. Cette composante est modélisée par une distribution *corps noir multicouleur* de

température kT_{bb} (Mitsuda et al., 1984). Ce paramètre ne pouvant être contraint par les données analysées ici, nous l'avons fixé à $kT_{bb} = 300$ eV, en accord avec les résultats de Del Santo et al. (2008).

Au final, toute l'énergie injectée dans le plasma finit par être rayonnée, si bien que la puissance lumineuse totale émise par la source en régime stationnaire est quantifiée par la compacité totale : $l = l_{nth} + l_{th} + l_s$. Pour une source de flux F, la compacité totale l peut être évaluée par la formule :

$$l = 100 \left(\frac{F}{F_0}\right) \left(\frac{d}{8\text{kpc}}\right)^2 \left(\frac{13M_\odot}{M}\right) \left(\frac{30R_G}{R}\right) \tag{6.4}$$

où M est la masse du trou noir et d la distance de la Terre à la source. Dans cette formule, nous avons directement introduit $F_0 = 2{,}6 \times 10^{-8}$ erg s^{-1}cm^{-2}, le flux moyen de GX 339–4 mesuré pendant notre période observationnelle. Ainsi, en supposant un plasma sphérique de rayon $R = 30\ R_G$, un trou noir de masse $M = 13\ M_\odot$ et une distance de $d = 8$ kpc, il vient une compacité totale de l'ordre de $l = 100$.

En plus d'être une source de photons X-mou thermiques, le disque d'accrétion est susceptible de réfléchir les rayons X-dur issus de la couronne. Nous avons calculé la composante de réflexion en nous basant sur le formalisme des fonctions de Green (dépendance de l'angle de visée) (Magdziarz & Zdziarski, 1995) auquel nous avons rajouté des corrections relativistes. Le disque d'accrétion est potentiellement ionisé et nous avons supposé qu'il s'étend spatialement entre les distances $R_{in} = 6\ R_G$ et $R_{out} = 400\ R_G$ du trou noir.

En outre, le modèle présenté prend en compte l'émission de fluorescence K$_\alpha$ des éléments de fer du disque d'accrétion (calculée avec le code *diskline* ; Fabian et al., 1989) ainsi que l'absorption dans le milieu interstellaire (calculée avec *phabs*). Pour quantifier l'absorption, nous avons suivi les résultats de Reis et al. (2008) et supposé une colonne densité d'hydrogène neutre fixée à $N_H = 5.2 \times 10^{21}$ cm^{-2}.

In fine, un tel modèle fait intervenir énormément de calculs et son utilisation est fastidieuse. Le fait d'avoir un grand nombre de paramètres libres fragilise l'exploitation des résultats puisque qu'il peut y avoir des dégénérescences. De plus, comme nos jeux de données sont limités en énergie et en sensibilité, un simple processus d'ajustement spectral n'est pas en mesure de fournir simultanément des contraintes fiables pour tous les paramètres. Pour cette raison, nous avons défini plusieurs sous-modèles, dont chacun est caractéristique d'un scénario physique particulier. Ceci réduit le nombre de paramètres libres et permet donc de tester si les spectres observés ont pu être produits dans lesdites conditions particulières. Si tel est le cas, il sera alors possible de dériver des contraintes significatives sur les paramètres qui demeurent libres.

6.4.2 Chauffage thermique

Comme il est difficile de contraindre l'importance relative entre les différents mécanismes de chauffage (thermique contre non-thermique), nous avons commencé par étudier les situations extrêmes où l'on suppose qu'un seul des deux processus fournit de l'énergie aux électrons.

Nous considérons tout d'abord la situation où les mécanismes de chauffage sont purement thermiques ($l_{th} > 0$, $l_{nth} = 0$). De manière générale, les photons qui servent de cible pour la Comptonisation peuvent soit provenir d'une source externe (typiquement du disque d'accrétion), soit, en présence d'un champ magnétique, être générés à l'intérieur de la couronne par rayonnement synchrotron. Or, comme un champ magnétique d'intensité non-négligeable est susceptible d'accélérer des électrons de manière non-thermique (accélération de Fermi), nous avons limité notre analyse à la situation classique où le plasma est supposé non-magnétisé ($l_B = 0$) et où le disque d'accrétion représente la seule source de photons mous.

Les paramètres pertinents du modèle sont alors la puissance fournie aux électrons de la couronne l_{th}, la puissance injectée par l'intermédiaire des photons émis par le disque d'accrétion l_s, la profondeur optique des électrons d'ionisation τ_{ion}, l'amplitude de la composante de réflexion $\Omega/2\pi$ et enfin le paramètre d'ionisation ζ de la couche externe du disque sur laquelle les photons X-dur sont réfléchis. Pour calculer l'émission prédite par ce modèle nous avons utilisé le code *eqpair* (Coppi, 1999) ; pour une description détaillée du code et son utilisation pour interpréter les spectres large bande de Cygnus X-1, nous renvoyons le lecteur à Gierlinski et al. (1999). Ces auteurs ont montré que la forme spectrale du modèle dépendait fortement du rapport l_{th}/l_s, mais très faiblement des valeurs individuelles des paramètres de compacité. Pour améliorer l'efficacité du processus d'ajustement, nous avons donc fixé l_s à différentes valeurs constantes et évalué à chaque fois le rapport l_{th}/l_s qui permettait une reproduction fidèle des spectres. Cette analyse préliminaire a montré que pour l_s compris entre $0{,}5 < l_s < 100$, le rapport l_{th}/l_s est à chaque fois ajusté à une valeur voisine de 5. Dans la suite, nous avons donc fixé $l_s = 15$ de sorte que la compacité totale $l = l_{th} + l_s$ soit en accord avec l'équation 6.4.

Pour le spectre *cutoff*, le modèle de Comptonisation purement thermique fournit une excellente description des données. Le meilleur ajustement ($\chi^2/69 = 0{,}83$) suggère un rapport de compacité de $l_{th}/l_s = 3{,}89^{+0,05}_{-0,08}$, une profondeur optique de $\tau_{ion} = 2{,}40^{+0,04}_{-0,08}$ et une composante significative de réflexion ionisée dont les paramètres son $\Omega/2\pi = 0{,}44 \pm 0{,}04$ et $\xi = 330^{+70}_{-60}$. A l'équilibre, la distribution des électrons est décrite par une Maxwellienne d'une température caractéristique de 32 keV.

Pour le spectre *excess*, en revanche, le modèle purement thermique n'est pas approprié ; le meilleur ajustement est de mauvaise qualité, avec un chi-deux réduit de $\chi^2/75 = 1{,}40$. Notons que la dégradation de l'ajustement résulte uniquement des canaux à haute énergie, qui sont responsables d'une contribution à hauteur de $\chi^2/\nu = 65/23$ au χ^2 total. De manière évidente, le modèle n'arrive pas à reproduire la partie la plus énergétique du spectre (>150 keV). Comme attendu, l'analyse physique confirme qu'un modèle purement thermique n'est pas capable d'expliquer la variabilité spectrale observée.

6.4.3 Chauffage non-thermique avec Comptonisation externe

A présent, nous allons étudier la situation opposée, c'est à dire nous partons de l'hypothèse que le chauffage des électrons se fait de manière purement non-thermique ($l_{nth} > 0$, $l_{th} = 0$). Le reste du modèle reste inchangé ; nous considérons toujours une source externe de photons cibles (de compacité fixée à $l_s = 15$) et nous négligeons les effets du champ magnétique ($l_B = 0$). Comme les électrons échangent de l'énergie entre eux suite aux collisions Coulomb, leur distribution à l'équilibre est hybride (i.e. thermique et non-thermique), et ce malgré une injection purement non-thermique. Les processus de chauffage sont décrits de manière phénoménologique par les paramètres l_{nth}, Γ_{inj}, γ_{min} et γ_{max}.

Afin de favoriser l'efficacité des ajustements, nous définissons à nouveau deux sous-classes de ce modèle. Dans la première, nous fixons (γ_{min} ; γ_{max}) = (1,3 ; 1000) et analysons les spectres à l'aide des paramètres l_{nth} et Γ_{inj}. Cette configuration est fréquemment utilisée dans la littérature et permet de discuter les résultats dans un contexte usuel. Dans le deuxième sous-modèle, nous adoptons une approche nouvelle : nous explorons les effets d'une variation de l'énergie maximale des électrons accélérés. Nous gardons l'énergie minimale fixée à $\gamma_{min} = 1,3$, mais au lieu de l'énergie maximale nous fixons cette fois-ci la pente de la distribution à la valeur standard $\Gamma_{inj} = 2,5$. Cette configuration permettra d'évaluer l'efficacité des mécanismes de chauffage en ajustant les paramètres libres l_{nth} et γ_{max}. Les deux sous-modèles seront respectivement appelés ECM-1 et ECM-2 (pour *External Comptonization Models*) dans la suite du chapitre. Pour réaliser les ajustements, nous avons de nouveau utilisé le code *eqpair* et les résultats sont résumés dans le Tableau 6.3.

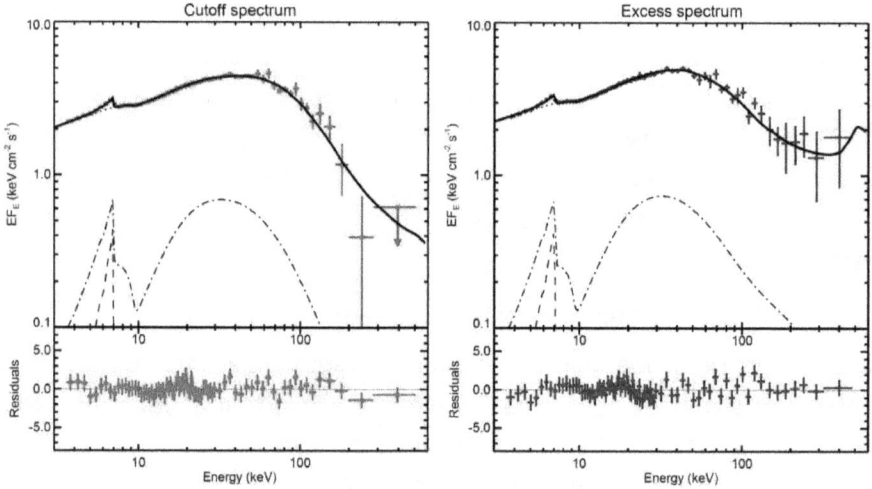

Figure 6.7 – *Gauche* : meilleur ajustement du spectre *cutoff* avec le modèle ECM-1 (voir texte pour la définition des modèles physiques). *Droite* : idem pour le spectre *excess*.

L'indice spectral des électrons

Pour le spectre cutoff, le modèle ECM-1 permet de bien décrire les données ($\chi^2/68 = 0,84$, cf. Figure 6.7 gauche). Une distribution électronique à pente très molle est nécessaire afin de correctement reproduire la coupure à haute énergie ; le meilleur ajustement contraint l'indice spectral à $\Gamma_{inj} = 3,95^{+1,50}_{-0,70}$. Nous avons fixé ce paramètre dans la suite, notamment pour déterminer les barres d'erreur sur les autres paramètres libres.

Les données suggèrent un rapport de compacité de $l_{nth}/l_s = 4,35 \pm 0,08$, ce qui se traduit par une compacité d'accélération non-thermique de $l_{nth} = 65,0 \pm 1,0$. La profondeur optique des électrons d'ionisation est ajustée à $\tau_{ion} = 2,97 \pm 0,07$. En raison du spectre très mou des électrons, le modèle prédit que la production de paires e^+e^- est très faible, ce qui entraîne une augmentation de seulement 0,6% de l'opacité totale du plasma ($\tau_T = 2,99 \pm 0,07$). Pour reproduire correctement la forme spectrale, le modèle a besoin d'une composante de réflexion dont l'amplitude est ajustée à $\Omega/2\pi = 0,26^{+0,03}_{-0,01}$; l'ionisation de la matière réfléchissante est estimée à $\zeta = 710 \pm 120$. Le fait de négliger la réflexion entraîne un ajustement de qualité dramatiquement inférieure et le *ftest* suggère une probabilité de $P_{ftest} < 10^{-20}$ que la nécessité de cette composante soit déduite par hasard.

Pour le spectre *excess*, l'ECM-1 permet à nouveau d'obtenir un bon ajustement aux données ($\chi^2/74 = 1,10$, cf. Figure 6.7 droite). La partie à haute énergie du spectre nécessite une distribution électronique relativement dure dont l'indice spectral est estimé à $\Gamma_{inj} = 2,55^{+0,35}_{-0,15}$. Par rapport au spectre *cutoff*, le rapport de compacité a augmenté de $\simeq 15\%$ pour atteindre $l_{nth}/l_s = 5,06^{+0,10}_{-0,08}$. Dans le cadre de nos hypothèses, ceci est équivalent à une compacité non-thermique s'élevant à $l_{nth} = 75,9^{+1,5}_{-1,2}$. Le plasma présente une opacité totale de $\tau_T = 3,87^{+0,07}_{-0,15}$, dont l'augmentation par rapport au spectre *cutoff* s'explique en grande partie par une production accrue de paires e^+e^-. Les valeurs de l'amplitude de réflexion et du paramètre d'ionisation, en revanche, restent compatibles avec celles déterminées précédemment ($\Omega/2\pi = 0,25^{+0,02}_{-0,03}$; $\zeta = 600 \pm 240$).

Afin d'évaluer la dépendance des ajustements sur la valeur absolue des paramètres de compacité, nous avons relaxé notre hypothèse initiale $l_s = 15$ et réalisé une série d'ajustements avec des valeurs variables de la compacité de photons mous. Pour le spectre *excess*, nous trouvons des intervalles de confiance à 90% de $0,3 < l_s < 250$ et $4,5 < l_{nth}/l_s < 5,9$, ce qui confirme que le rapport de compacité est contraint de manière robuste, indépendamment de la compacité totale de la source. Même si l'analyse spectrale ne permet pas une estimation directe des valeurs individuelles des paramètres de compacité, nous remarquons que les bornes inférieures et supérieures de ces paramètres sont bien déterminées par la forme spectrale (à ce sujet voir aussi Gierlinski et al., 1999). La borne supérieure représente la situation où, malgré un spectre d'injection non-thermique à pente ultra-molle (Γ_{inj} = 4,50 ± 0,05), le plasma est complètement dominé par la production de paires ($\tau_{ion} \simeq 10^{-4}$; $\tau_T \simeq 3,0$; $kT_e \simeq 11,5$ keV). Au-delà de cette limite, la croissance de plus en plus rapide du nombre de paires ne peut plus être contrebalancée par un spectre d'injection de plus en plus mou (cf. Section 6.5 pour une discussion du phénomène), ce qui entraîne une mauvaise reproduction de la partie spectrale autour de 40 keV. La borne inférieure correspond à la situation où le refroidissement des particules énergétiques commence à être dominé par les interactions Coulomb plutôt que par les pertes Compton. Une variation de l_s = 0,30 à l_s = 0,25 entraîne une dégradation de $\Delta\chi^2$ = +5 pour 74 degrés de liberté, ce qui montre que la limite à laquelle s'effectue ce changement est bien définie.

En conclusion, dans le cadre d'un modèle de Comptonisation externe qui fait intervenir des électrons accélérés jusqu'à γ_{max} = 1000, la compacité totale de la source de rayonnement à haute énergie dans GX 339–4 peut être contrainte à $2 < l < 1500$.

L'énergie maximale des électrons

Maintenant, dans le modèle ECM-2, nous fixons Γ_{inj} à 2,5 mais nous autorisons la variation de l'énergie maximale des électrons accélérés. Pour le spectre *cutoff*, un tel modèle permet d'obtenir un ajustement de très bonne qualité ($\chi^2/68$ = 0,85). Par rapport au modèle précédent, les effets d'une pente plus dure sont efficacement contrebalancés par une coupure à très basse énergie du spectre électronique injecté. En effet, les données suggèrent $\gamma_{max} = 4,0^{+1,3}_{-0,3}$, ce qui signifie que les différences d'énergie cinétique entre les particules accélérées atteignent au maximum un facteur 10. Les autres paramètres du modèle ne sont guère affectés par les changements au niveau de la description des processus d'accélération, à savoir on trouve $l_{nth}/l_s = 4,25^{+0,08}_{-0,10}$ et $\tau_{ion} \simeq \tau_T = 3,06^{+0,09}_{-0,06}$. De manière similaire, les paramètres de réflexion restent stables ($\Omega/2\pi = 0,23^{+0,03}_{-0,02}$; $\xi = 850^{+140}_{-200}$).

Pour le spectre *excess*, l'indice d'injection fixé à Γ_{inj} = 2,5 est compatible avec le résultat du meilleur ajustement de la section précédente. Cependant, il s'avère qu'il y a des différences entre les résultats obtenus avec les deux modèles (ECM-1 et ECM-2). D'abord, nous remarquons qu'il suffit d'accélérer les particules jusqu'à une énergie de $\gamma_{max} = 21,6^{+39,0}_{-7,9}$ pour reproduire la queue à haute énergie. Ensuite, une distribution électronique tronquée à cette énergie permet d'obtenir un ajustement de meilleure qualité statistique, avec un chi-deux réduit de $\chi^2/74 = 1,00$. La profondeur optique totale évaluée à l'aide de l'ECM-2 est similaire à celle suggérée par l'ECM-1, mais la fraction de paires est significativement réduite suite à l'absence de particules de très haute énergie ($\gamma_e > 100$). En dehors de ces différences, tous les autres paramètres restent compatibles (à un niveau de confiance de 90 %) avec les résultats obtenus avec la configuration précédente, i.e. en fixant $\gamma_{max} = 1000$ et en libérant Γ_{inj} (cf. Tableau 6.3).

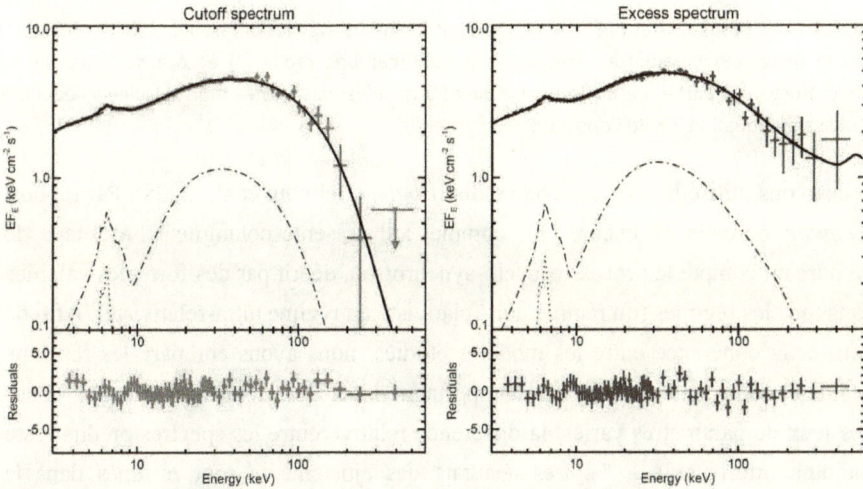

Figure 6.8 – *Gauche* : meilleur ajustement du spectre *cutoff* avec le modèle ICM-1 (voir texte pour la définition des modèles physiques). *Droite* : idem pour le spectre *excess*.

6.4.4 Chauffage non-thermique avec Comptonisation interne

En dernier lieu, nous considérons des modèles qui supposent que l'émission X/γ est produite dans un plasma magnétisé. Pour mettre en évidence les effets du champ magnétique, nous étudions la situation opposée à la précédente, c'est à dire nous supposons que tous les photons cibles nécessaires au processus de Comptonisation sont générés par émission synchrotron à l'intérieur du plasma ($l_s = 0$, $l_B > 0$). En outre, nous adoptons à nouveau les deux configurations introduites plus haut afin de réduire les paramètres libres décrivant les processus d'accélération. De manière similaire à la section précédente, nous allons appeler les deux modèles ICM-1 et ICM-2, pour *Internal Comptonization Models*. Pour calculer les spectres prédits,

Model	Spec	Γ_{inj}	γ_{max}	l_{nth}/l_s	l_B	τ_{ion}	τ_T	kT_e (keV)	$\Omega/2\pi$	ε	χ^2_ν(d.o.f.)
ECM1	cutoff	$3.95^{+1.55}_{-0.70}$	1000^*	$4.35^{+0.07}_{-0.07}$	—	$2.98^{+0.07}_{-0.07}$	$2.99^{+0.07}_{-0.07}$	20.1	$0.26^{+0.03}_{-0.01}$	710^{+120}_{-120}	0.84(68)
	excess	$2.55^{+0.35}_{-0.15}$	1000^*	$5.06^{+0.10}_{-0.08}$	—	$3.31^{+0.07}_{-0.15}$	$3.87^{+0.07}_{-0.15}$	14.3	$0.25^{+0.02}_{-0.03}$	600^{+240}_{-240}	1.10(74)
ECM2	cutoff	2.5^*	$4.0^{+1.3}_{-0.3}$	$4.25^{+0.08}_{-0.10}$	—	$3.06^{+0.09}_{-0.06}$	$3.07^{+0.09}_{-0.06}$	19.1	$0.23^{+0.03}_{-0.02}$	850^{+140}_{-240}	0.85(68)
	excess	2.5^*	$21.6^{+39}_{-7.9}$	$4.94^{+0.11}_{-0.10}$	—	$3.69^{+0.04}_{-0.13}$	$3.87^{+0.04}_{-0.13}$	14.5	$0.21^{+0.03}_{-0.02}$	1240^{+290}_{-240}	1.00(74)
ICM1	cutoff	$3.47^{+0.66}_{-0.31}$	1000^*	—	740^{+200}_{-140}	$2.26^{+0.18}_{-0.18}$	$2.26^{+0.18}_{-0.18}$	34.2	$0.43^{+0.05}_{-0.05}$	300^{+120}_{-100}	0.96(68)
	excess	$2.50^{+0.32}_{-0.08}$	1000^*	—	$25.2^{+3.6}_{-3.6}$	$2.14^{+0.14}_{-0.17}$	$2.45^{+0.14}_{-0.17}$	25.7	$0.44^{+0.06}_{-0.03}$	260^{+110}_{-80}	1.06(74)
ICM2	cutoff	2.5^*	$15.2^{+5.5}_{-1.3}$	—	283^{+43}_{-36}	$2.30^{+0.17}_{-0.16}$	$2.30^{+0.17}_{-0.16}$	33.4	$0.43^{+0.04}_{-0.03}$	300^{+120}_{-100}	0.96(68)
	excess	2.5^*	190^{+110}_{-105}	—	$27.3^{+4.0}_{-3.4}$	$2.49^{+0.18}_{-0.18}$	$2.73^{+0.18}_{-0.18}$	23.9	$0.39^{+0.04}_{-0.04}$	310^{+150}_{-130}	0.92(74)

Tableau 6.3 – Résultats des meilleurs ajustements obtenus avec les différents modèles présentés dans le texte. Les paramètres fixés sont indiqués par une étoile (*) à côté de la valeur. La température de la partie thermalisée de la distribution n'est pas ajustée mais calculée à l'équilibre en utilisant l'Equation 2.8 de Coppi (1992).

nous avons utilisé le nouveau code radiatif *belm* (Belmont et al., 2008). Par rapport à *eqpair*, ce code est encore plus complet ; il présente notamment l'avantage de prendre en compte le processus cyclo-synchrotron, décrit par des formules valables dans tous les régimes (du régime non-relativiste au régime ultra-relativiste). Afin de vérifier la cohérence entre les modèles étudiés, nous avons comparé les résultats des deux codes en l'absence de champ magnétique. Pour toutes les énergies et sur des jeux de paramètres variés, la différence relative entre les spectres prédits reste toujours inférieure à 3 %. Les résultats des ajustements sont résumés dans le Tableau 6.3.

Remarques préliminaires

Une analyse qualitative du modèle magnétique montre qu'en dessous de 30 keV, la forme spectrale est peu sensible aux valeurs individuelles de l_{nth}, l_B et Γ_{inj}, mais dépend fortement d'une combinaison de ces trois paramètres (voir aussi Malzac & Belmont, 2009). La situation est similaire à celle rencontrée lors de l'analyse du modèle non-magnétique (cf. section 6.4.2), mais la dépendance est plus complexe qu'un simple produit ou rapport. En revanche, la forme spectrale à haute énergie

(> 100 keV) est essentiellement déterminée par Γ_{inj}. Par conséquent, nous avons utilisé l'équation 6.4 pour estimer et fixer la compacité totale à $l = l_{nth} = 100$, alors que les ajustements du spectre à haute énergie ont permis de lever la dégénérescence entre l_B et Γ_{inj}.

En raison du traitement détaillé de la microphysique (couplage cohérent entre les différents processus), les ajustements en temps réel prennent beaucoup (trop) de temps. Afin d'améliorer l'efficacité de l'analyse, nous avons calculé un grand nombre de spectres une fois pour toute et enregistré les résultats sous forme tabulée. L'ajustement des paramètres est ensuite réalisé par interpolation entre les spectres pré-calculés.

Cette stratégie nécessite la mise en place d'un outil informatique capable de faire l'interface entre le code *belm* et le logiciel *xspec*. A cet effet, nous avons développé une routine *fortran* qui produit un fichier FITS ayant la structure adéquate pour pouvoir être lu et utilisé dans *xspec*. Plus précisément, nous avons utilisé la sous-routine *wftbmd* (disponible publiquement sur le site web de l'HEASARC) pour assurer la compatibilité du fichier FITS avec le châssis *atable* intégré dans *xspec*. Le fichier utilisé pour la présente étude est organisé selon trois dimensions dont chacune correspond à l'un des trois paramètres libres qui définissent le continuum (i.e. l_B, τ et Γ_{inj}). Les trois paramètres pourront ainsi être ajustés de manière très rapide par une interpolation (linéaire ou logarithmique) entre les spectres associés.

Le code *belm* n'inclut pas de module pour calculer la réflexion Compton engendrée par la présence d'un disque froid. Pour prendre en compte la possibilité d'une telle composante, nous avons convolé le continuum avec une routine de réflexion basée sur le formalisme du code *pexriv* (Magdziarz & Zdziarski, 1995), auquel nous avons rajouté les possibles effets de relativité générale. Ce code, assemblé à l'origine par J. Malzac, a été perfectionné et validé grâce à des tests sur les données présentées ici. Au final, le modèle ICM-1 comporte donc six paramètres physiques, à savoir l_B, Γ_{inj}, τ_{ion}, $\Omega/2\pi$, ζ et l'énergie de la raie de fluorescence du fer, auxquels il faut rajouter le paramètre de normalisation entre les instruments PCA et SPI.

L'indice spectral des électrons

Le premier modèle appliqué (ICM-1) utilise la configuration standard, i.e. nous avons fixé l'étendue de la distribution électronique à $(\gamma_{min}; \gamma_{max}) = (1,3 ; 1000)$. Pour le spectre *cutoff*, ce modèle permet d'atteindre une reproduction correcte des observations $(\chi^2/68 = 0,96)$. Par rapport à l'ECM-1, nous notons que la forme de la coupure à haute énergie est mieux reproduite. Cependant, comme on peut le voir sur la Figure 6.8 (gauche), l'ajustement est légèrement moins précis dans la région de la raie de fluorescence du fer autour de 6,4 keV. Nous remarquons aussi quelques résidus positifs au-dessous de 5 keV, ce qui pourrait indiquer la présence d'une composante froide supplémentaire, vraisemblablement émise par le disque d'accrétion. Comme nous nous intéressons au comportement à haute énergie de la source, nous n'avons pas exploré davantage ces aspects.

Le meilleur ajustement suggère un indice spectral relativement mou, à savoir $\Gamma_{inj} = 3,47^{+0,66}_{-0,31}$. La compacité magnétique est ajustée à $= 740^{+200}_{-140}$; compte tenu de nos hypothèses ($M = 13\ M_\odot$, $R = 30\ R_G$) ceci correspond à une intensité du champ magnétique de $B = 2,0^{+1,0}_{-0,9} \times 10^7$ G. Le modèle suggère que le plasma est de profondeur optique modérée, avec $\tau_{ion} = 2,26 \pm 0,18$. En raison du refroidissement synchrotron rapide des quelques particules énergétiques (spectre électronique à pente molle), le phénomène de production de paires est négligeable. Similaire au modèle non-magnétique, l'ajustement des données a clairement besoin d'une composante de réflexion, dont l'amplitude et le facteur d'ionisation sont respectivement estimés à $\Omega/2\pi = 0,43 \pm 0,05$ et $\xi = 300^{+120}_{-100}$.

Pour le spectre *excess*, l'ICM-1 permet d'obtenir également un bon accord avec les données (cf. Figure 6.8 droite). Le meilleur ajustement $(\chi^2/74 = 1,06)$ contraint l'indice spectral des électrons à $\Gamma_{inj} = 2,50^{+0,32}_{-0,08}$, valeur approximativement égale à celle obtenue avec l'ECM-1. Toutefois, pour une même distribution des électrons, le spectre des photons est légèrement moins dur que celui prédit par l'ECM-1. En effet, dans les modèles magnétiques, les pertes énergétiques par refroidissement Compton se trouvent concurrencées par les pertes synchrotron, si bien qu'une fraction significative de l'énergie d'accrétion est rayonnée dans le domaine optique/UV. La reproduction correcte du flux à haute énergie nécessite donc plus de particules énergétiques, i.e. un spectre d'injection plus dur (Γ_{inj} plus faible).

Ensuite, le spectre *excess* contraint la compacité magnétique à $l_B = 25{,}2 \pm 3{,}6$, ce qui (compte tenu de nos hypothèses) correspond à un champ magnétique de $B = 3{,}76 \pm 0.14 \times 10^6$ G. Dans le cadre d'un modèle purement magnétique (qui représente un cas limite, rappelons-le) où l'énergie maximale des particules est fixée à $\gamma_{max} = 1000$, le champ magnétique diminue donc d'un facteur 5,5 lors d'une transition entre les spectres *cutoff* et *excess*.

Pour ce dernier, la profondeur optique des électrons d'ionisation est ajustée à $\tau_{ion} = 2{,}14^{+0,14}_{-0,17}$. Contrairement aux résultats obtenus avec l'ECM-1, les valeurs de τ_{ion} estimées avec l'ICM-1 pour les deux spectres sont compatibles entre eux à un niveau de confiance de 90%. La composante de réflexion est statistiquement indispensable avec une fraction de $\Omega/2\pi = 0{,}44^{+0,06}_{-0,03}$ et une ionisation de $\zeta = 260^{+110}_{-80}$. Ceci qui suggère que les caractéristiques de réflexion Compton ne changent pas non plus entre les deux spectres (cf. Tableau 6.3).

L'énergie maximale des électrons

Dans l'ICM-2, nous gardons $l_{nth} = 100$ et $\gamma_{min} = 1{,}3$ fixés, mais autorisons maintenant les variations de l'énergie maximale γ_{max} au lieu de l'indice spectral des électrons accélérées, qui sera fixé à $\Gamma_{inj} = 2{,}5$. Nous utilisons le code *belm* et la routine d'interface pour générer un nouveau fichier tabulé à trois dimensions, correspondant aux trois paramètres libres l_B, γ_{max} et τ_{ion}. Pour le spectre *cutoff*, ce modèle permet d'obtenir un bon ajustement aux données ($\chi^2/68 = 0{,}96$; présenté à la Figure 6.9 gauche), qualitativement équivalent au meilleur ajustement obtenu avec l'ICM-1. Dans le cadre d'un plasma magnétisé, nous constatons donc aussi que les effets d'une pente d'injection molle sont efficacement imités par une distribution à pente beaucoup plus dure mais tronquée à haute énergie. Nous obtenons le meilleur ajustement pour $\gamma_{max} = 15{,}2^{+5,5}_{-1,3}$, une valeur significativement plus élevée que celle obtenue avec l'ECM-2. Par ailleurs, le modèle suggère une compacité magnétique plus faible, à savoir $l_B = 280^{+43}_{-36}$. Pour une source de rayon $R = 30\,R_G$ et une masse de l'objet compact de $M = 13\,M_\odot$, il vient donc un champ magnétique de $B = 1{,}25^{+0,5}_{-0,4} \times 10^7$ G. Les autres paramètres du modèle ne sont pas affectés par le changement $\Gamma_{inj} \to \gamma_{max}$, i.e. on trouve $\tau_{ion} \simeq \tau_T = 2{,}30 \pm 0{,}16$ et la routine de réflexion suggère des valeurs identiques à celles obtenues avec l'ICM-1, à savoir $\Omega/2\pi = 0,43^{+0,04}_{-0,03}$ et $\zeta = 300^{+120}_{-100}$.

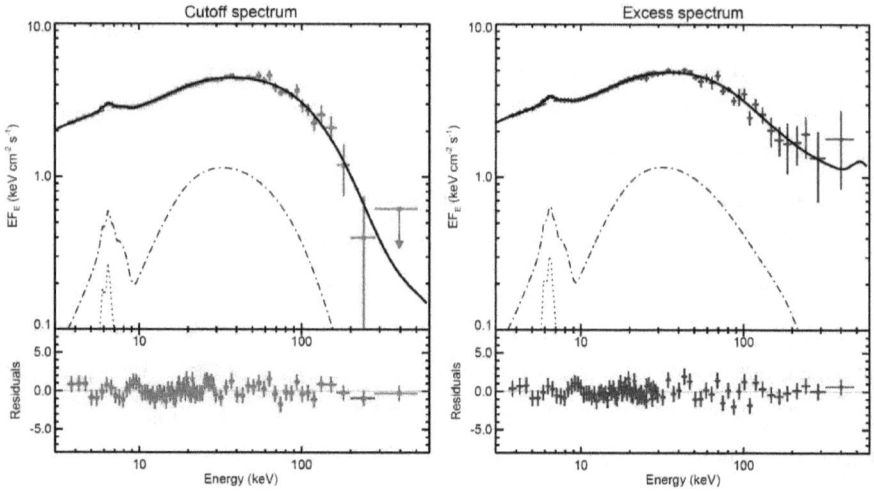

Figure 6.9 – *Gauche* : meilleur ajustement du spectre *cutoff* avec le modèle ICM-2 (voir texte pour la définition des modèles physiques). *Droite* : idem pour le spectre *excess*.

Pour le spectre *excess*, nous rappelons que l'indice spectral est fixé à $\Gamma_{inj} = 2,5$, c'est à dire la valeur qui réalise le meilleur ajustement dans le cadre de l'ICM-1. Or, en autorisant la variation de γ_{max} (i.e. en incluant la possibilité que l'accélération sature à une certaine énergie), la qualité de l'ajustement peut encore être améliorée. Une coupure à $\gamma_{max} = 190^{+110}_{-105}$ permet à l'ICM-2 de fournir la meilleure description de la forme du spectre *excess*, avec un χ^2 réduit de $\chi^2/74 = 0,92$ (cf. Figure 6.9 droite). Par rapport au modèle non-magnétisé, l'énergie maximale des électrons est à nouveau ajustée à une valeur plus élevée. Ce résultat est cohérent puisque dans les modèles magnétiques, les photons cibles sont plus froids que dans les modèles non-magnétiques. En effet, dans les ICMs, les photons à haute énergie sont produits par des diffusions Compton des électrons sur des photons synchrotron ($E_s \simeq 0,01$ keV) alors que dans les ECMs les photons cibles sont fournis par l'émission thermique du disque d'accrétion ($E_s \simeq 1$ keV). Par conséquent, pour produire un photon de 200 keV, les électrons ont besoin d'avoir un facteur de Lorentz de $\gamma_e \simeq 12$ dans les ECMs, alors que dans les ICMs il leur faut $\gamma_e \simeq 120$.

Pour le spectre *excess*, la compacité magnétique dérivée à l'aide de l'ICM-2 reste identique à celle obtenue avec l'ICM-1, à savoir $l_B = 27,3^{+4,0}_{-3,4}$. Une diminution de l'intensité du champ magnétique d'un facteur 3,2 est donc suffisante pour expliquer une transition du spectre *cutoff* vers le spectre *excess* (dans le cadre de l'ICM-2). La profondeur optique qui résulte de l'ionisation de la matière est ajustée à $\tau_{ion} = 2,49 \pm 0,18$, alors que le modèle suggère que l'opacité totale s'élève à $\tau_T = 2,73 \pm 0,18$. Ces résultats montrent que dans le cadre des modèles magnétiques, l'opacité ne semble pas varier entre les deux spectres. Enfin, nous trouvons une nouvelle fois des paramètres de réflexion identiques à ceux obtenus précédemment (cf. Tableau 6.3). Ceci confirme donc que la composante de réflexion est solidement contrainte et ne dépend pas de la configuration phénoménologique décrivant l'accélération des particules.

6.5 Discussion des résultats

Nous avons présenté une analyse détaillée du spectre haute énergie exhibé par GX 339–4 lors de sa dernière période de forte activité en 2007. Fin janvier début février, la source se trouvait dans la phase la plus brillante de l'état dur, une période de quelques jours qui précède le début de la transition spectrale vers l'état mou. Les observations réalisées par SPI ont montré que pendant cette période, la partie la plus énergétique du spectre de la source était variable. En effet, alors que la forme spectrale à basse énergie (4–150 keV) semble rester constante, nous avons détecté l'apparition (respectivement la disparition) d'une queue à haute énergie au-delà de 150 keV. Ce phénomène, qui semble se produire sur une échelle de temps inférieure à 7 heures, est vraisemblablement corrélé avec la luminosité totale de la source. Pour l'épisode d'activité de 2004, Belloni et al. (2006) ont étudié la transition spectrale principale (i.e. le passage entre l'état dur et l'état mou) et montré que la variation est très rapide, avec une échelle de temps caractéristique inférieure à 10 heures. Nos observations, qui se situent quelques jours avant la transition principale (cf. Figure 6.1), suggèrent que la variabilité de la partie la plus énergétique du spectre pourrait être un phénomène précurseur d'une transition imminente. L'étude présentée ici a permis de dégager des contraintes intéressantes sur les processus physiques qui peuvent être responsables de ce phénomène.

6.5.1 Le modèle purement thermique

La détection univoque d'une énergie de coupure dans le spectre *cutoff* indique que le processus de Comptonisation est régi par une distribution électronique quasi-Maxwellienne. De fait, il n'est pas surprenant que le spectre soit bien reproduit par un modèle qui prescrit un chauffage purement thermique du plasma. Un tel modèle suppose en général que le chauffage thermique des électrons se fait de manière naturelle suite aux interactions Coulomb des électrons froids avec une distribution thermique de protons chauds. La température des protons nécessaire à maintenir le régime de chauffage adéquat peut être estimée à partir de la relation approchée suivante (Malzac & Belmont, 2009) :

$$\frac{T_i}{T_e} \simeq 1 + \frac{m_i}{m_e} \times \frac{g\,l_{th}}{(56\pi)^{1/2}\ln\Lambda\,\tau_T\,\tau_{ion}} \simeq 1 + 7\frac{g\,l_{th}}{\tau_T\,\tau_{ion}} \qquad (6.5)$$

où $\ln\Lambda \simeq 20$ est le logarithme de Coulomb et g une fonction qui vérifie $g(\theta_e) = (7\theta_e)^{1/2}$, avec $\theta_e = kT_e/m_ec^2$ la température des électrons exprimée en unités m_ec^2. Pour $l_{th} = 100$, la formule (6.5) permet de dériver une température d'équilibre des protons de l'ordre de 1 MeV. Ce résultat est du même ordre de grandeur que la température des protons estimée par (Malzac & Belmont, 2009) à partir du spectre canonique de l'état dur de Cygnus X-1. Notons cependant qu'il y a des différences entre les deux sources : par rapport aux résultats dérivés ici, la couronne de Cygnus X-1 présente un plasma beaucoup plus chaud ($kT_e \simeq 85$ keV) mais une compacité moins importante ($l_{th} \simeq 5$).

Malzac & Belmont (2009) ont remarqué que des températures aussi faibles que 1 MeV étaient difficilement conciliables avec les conditions requises par les modèles théoriques de type ADAF (cf. Section 2.2.2). En effet, dans les modèles actuels de flot d'accrétion à deux températures, les solutions stables ont besoin d'une température des protons significativement plus élevée, typiquement $kT_i > 10$ MeV. Ceci pourrait donc signifier que les modèles ADAF ne sont pas adaptés pour expliquer la nature du flot d'accrétion interne dans les états durs lumineux. Dans tous les cas, un modèle à chauffage purement thermique est insuffisant puisqu'il ne permet pas d'expliquer l'apparition de la queue à haute énergie. Nous pouvons donc conclure que soit la composante à haute énergie est indépendante de la composante thermique, auquel cas son origine se situe à l'extérieur de la couronne, soit les deux composantes sont liées, auquel cas nous avons besoin (au moins) d'un certain niveau de chauffage non-thermique de la couronne.

Réciproquement, notre analyse a montré que les deux spectres à bande large peuvent être expliqués par des modèles qui font intervenir uniquement du chauffage non-thermique. Ce résultat est très intéressant car il suggère que la couronne dans l'état dur pourrait être alimenté par les mêmes processus physiques qui sont responsables du chauffage des électrons dans les états mous, i.e. une accélération non-thermique dans une géométrie de type ADC (cf. Section 2.2.1). En fonction des caractéristiques du plasma (magnétisé ou non-magnétisé) et de l'origine des photons cibles (disque d'accrétion ou processus synchrotron self-Compton (SSC)), ces aspects seront davantage discutés dans les paragraphes suivants.

6.5.2 Le scénario non-magnétique

Dans le cadre d'un plasma non-magnétisé, la variabilité du spectre à haute énergie peut être expliquée par un changement des propriétés du mécanisme d'accélération qui alimente la couronne. Les ajustements suggèrent notamment une faible variation de la puissance totale fournie au milieu, accompagnée d'une variation significative de la distribution spectrale des particules accélérées. En effet, les deux modèles testés nécessitent soit un fort changement de la pente de la distribution (ECM-1), soit une variation importante de l'énergie maximale à laquelle les particules peuvent être accélérées (ECM-2). Etant donné que nous avons utilisé des modèles limitant les degrés de liberté au maximum, nous remarquons qu'il est tout à fait possible que les deux paramètres changent en même temps.

Dans le cadre du ECM-1, une transition entre le spectre *cutoff* et le spectre *excess* nécessite que l'indice spectral des électrons décroît typiquement de $\Gamma_{inj} \simeq 4,0$ à $\Gamma_{inj} \simeq 2,5$. Ceci entraîne que l'énergie moyenne des électrons accélérés $< E_{inj} >$ augmente de 1,0 MeV à 1,8 MeV. Dans le cadre de l'ECM-2, qui suppose une pente d'injection constante fixée à $\Gamma_{inj} = 2,5$, les meilleurs ajustements montrent que des facteurs de Lorentz relativement faibles sont suffisants pour correctement reproduire les données. L'apparition de la composante à haute énergie nécessite alors une augmentation de $\gamma_{max} \simeq 4,0$ à $\gamma_{max} \simeq 22$, ce qui implique que l'énergie moyenne des électrons augmente elle aussi, de $< E_{inj} > \simeq 1,0$ MeV à $< E_{inj} > \simeq 1,5$ MeV.

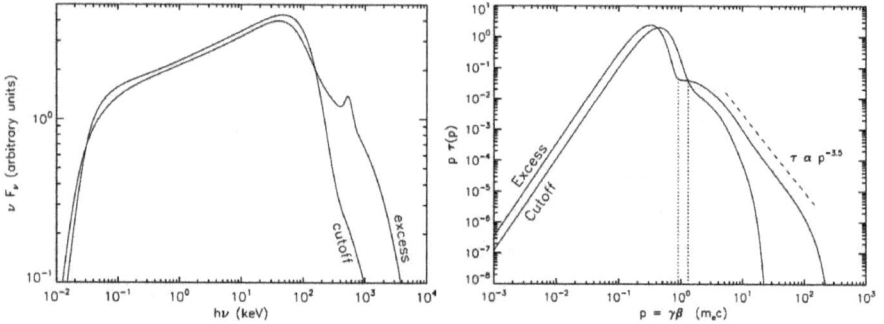

Figure 6.10 – Spectres large bande prédits par l'ICM-2 qui correspondent aux meilleurs ajustements des données. *Gauche* : distribution des photons. *Droite* : distribution des électrons.

Dans les deux cas, de telles variations peuvent s'expliquer par la non-stationnarité des processus d'accélération qui interviennent dans le flot d'accrétion. Par exemple, dans le contexte des accélérations par chocs, les propriétés des particules accélérées dépendent fortement de la force des chocs (voir p.ex. Webb et al., 1984; Spitkovsky, 2008). L'accélération par reconnexion magnétique dépend de plusieurs paramètres physiques, comme par exemple la géométrie locale de la zone de reconnexion (Zenitani & Hoshino, 2007). Si les particules sont chauffées de manière stochastique par des accélérations successives se produisant sur plusieurs sites, le spectre final dépend aussi du nombre de sites impliqués (Anastasiadis et al., 1997; Dauphin et al., 2007). Comme tous ces paramètres sont susceptibles de varier au cours du temps, le scénario non-magnétisé est capable de fournir une interprétation cohérente du phénomène observé.

Les résultats précédents sont en accord avec les conclusions de Gierlinski & Zdziarski (2005), qui, dans le cadre d'un modèle de Comptonisation non-magnétisé, ont présenté une étude de la variabilité spectrale en fonction de l'énergie. En particulier, ils ont montré que des variations de Γ_{inj} et de γ_{max} affectent fortement la forme spectrale au-dessus de 50 keV. Nous signalons cependant que les données sur les systèmes à trou noir XTE J1650–500 et XTE J1550–564 étudiées par Gierlinski & Zdziarski (2005) ont montré une variabilité principalement confinée aux basses énergies (< 50 keV), contrairement aux données sur GX 339–4 présentées ici.

Notre analyse spectrale suggère qu'une transition entre le spectre *cutoff* et le spectre *excess* requiert une hausse de 15 % de la compacité totale du plasma. En nous basant sur des estimations de la taille et de la luminosité de la source, nous avons grossièrement évalué la compacité des photons cibles à $l_s = 15$, paramètre que nous avons fixé ensuite pour rendre les ajustements plus efficaces. Cette approche est légitime puisque les spectres à basse énergie (> 4 keV) ne nécessitent pas l'ajout d'une composante d'émission du disque (Motta et al., 2009), ce qui laisse présumer que la variation de son émission reste négligeable d'un point de vue énergétique. Sous l'hypothèse additionnelle d'un milieu sphérique de rayon constant, nous interprétons donc l'augmentation de la compacité comme une conséquence directe de l'amplification du chauffage non-thermique. Cette interprétation est par ailleurs cohérente avec l'observation d'une différence de 14 % de la luminosité (calculée dans la bande 4 – 500 keV) entre les deux spectres.

Enfin, nous notons que la transition entre les deux spectres s'accompagne d'une augmentation de la profondeur optique totale du milieu de l'ordre de 30 %. Ce résultat s'explique de manière assez naturelle en raison de l'augmentation de la production de paires entraînée par les variations du régime d'accélération.

Comme mentionné plus haut, les résultats que nous venons de discuter ont été obtenus sous l'hypothèse d'un flux constant de photons mous de compacité $l_s = 15$. A priori, la valeur exacte de la compacité des photons cibles n'a pas beaucoup d'influence sur les résultats des ajustements, puisque la forme du modèle dépend fortement du rapport l_{nth}/l_s, mais quasiment pas des valeurs absolues des paramètres de compacité. Nous signalons cependant que des valeurs très grandes ou très petites de ces paramètres sont incompatibles avec les formes spectrales observées. En effet, si la couronne intercepte beaucoup de photons cibles (ce qui correspond à une valeur importante de l_s), alors on a besoin d'un chauffage très efficace (i.e. fort l_{nth}) pour reproduire la pente du spectre à basse énergie (< 20 keV). Un chauffage efficace génère des photons à très haute énergie qui sont capables de produire un grand nombre de paires e^+e^- par annihilation photon-photon. Ce phénomène réduit alors la température d'équilibre du plasma étant donné que plus de particules doivent se partager la même quantité d'énergie. Au final, pour des valeurs de compacité dépassant un certain seuil, la température d'équilibre sera trop faible et le pic thermique du modèle sera décalé par rapport aux données.

De manière équivalente, comme la partie thermique du spectre est majoritairement déterminée par la balance entre le chauffage non-thermique et le refroidissement Compton des électrons, une diminution des valeurs absolues à rapport l_{nth}/l_s constant n'a pas d'effet significatif sur la forme de la partie basse énergie du spectre. En revanche, la majeure partie des photons qui forment la queue à haute énergie sont produits par la diffusion Compton inverse de particules modérément relativistes ($2 < \gamma_e < 10$). En-dessous d'une certaine compacité des photons cibles, les pertes énergétiques de ces particules modérément relativistes ne sont plus dominées par les interactions Compton inverses, mais par les collisions Coulomb avec les électrons thermiques plus froids. De fait, une réduction de l_s à rapport l_{nth}/l_s constant signifie un chauffage plus faible alors que le refroidissement reste constant. Ce phénomène réduit l'intensité de la queue à haute énergie jusqu'au point où les prédictions du modèle ne sont plus en accord avec les données.

En conclusion, indépendamment de tout argument géométrique, nous pouvons dériver des limites conservatives à la compacité totale du plasma de Comptonisation, à savoir $2 < l < 1500$. Ces limites sont compatibles avec celles obtenues à partir d'arguments géométriques, mais finalement pas très contraignantes. Quoi qu'il en soit, la robustesse de l'ajustement du rapport de compacité $l_{nth}/l_s \simeq 4,5$ permet de conclure que la luminosité du disque froid représente au maximum $\sim$20% de la luminosité de la composante de Comptonisation ; potentiellement beaucoup moins si le milieu est magnétisé.

6.5.3 Le scénario magnétique

Grâce au nouveau code radiatif *belm* (Belmont et al., 2008), nous avons montré que le comportement spectral exhibé par GX 339–4 lors de la phase brillante de l'état dur peut s'expliquer par un chauffage purement non-thermique de la couronne suivi d'une auto-Comptonisation cohérente de l'émission synchrotron des électrons (processus synchrotron self-Compton). Ce modèle n'a pas besoin d'un flux de photons incidents issu d'une source extérieure et suppose que le milieu magnétisé est constamment alimenté en énergie par les mécanismes d'accélération. De manière semblable au scénario non-magnétique, la variabilité spectrale observée peut être reproduite par deux configurations différentes du modèle d'accélération ; l'une repose sur la variation de l'indice spectral des électrons (le modèle ICM-1) et l'autre fait intervenir la variation de l'énergie maximale à laquelle les particules peuvent être portées (le modèle ICM-2).

En principe, les modèles magnétiques permettent d'estimer l'intensité moyenne du champ magnétique du milieu. Cependant, en pratique, les choses sont moins évidentes. D'abord, les ajustements permettent de contraindre le rapport l_B/l mais pas directement l_B, ce qui implique que les incertitudes sur la compacité totale (cf. equation 6.4) sont répercutées sur l'estimation de l_B. Pour discuter nos résultats, nous allons exprimer l_B par rapport à la compacité magnétique qui correspond à l'équipartition entre le champ magnétique et le champ de rayonnement l_{B_R}. Etant donné que $l_{B_R} \propto 1 \times (1 + \tau_T/3)$ (cf. Equation (8) dans Malzac & Belmont 2009), le rapport l_B/l_{B_R} ne dépend pas des incertitudes sur la taille du milieu ni la distance à la source et représente un bon indicateur pour jauger l'importance des processus magnétiques. D'autre part, nous avons supposé $l_s = 0$ afin d'étudier la physique d'une couronne fortement magnétisée, mais il est évident que nous ne pouvons pas exclure que le flux synchrotron *et* une composante thermique émise par le disque contribuent simultanément au refroidissement des particules non-thermiques.

Lorsque le milieu est illuminé de façon significative par une source de rayonnement extérieur, la forme spectrale adéquate est produite avec moins de refroidissement synchrotron, donc un milieu plus faiblement magnétisé. Les valeurs pour le champ magnétique que nous avons dérivées à la section 6.4.4 représentent donc des limites supérieures ultra-conservatives. Dans le cadre de l'ICM-1, nous estimons $l_B/l_{B_R} \leq 18$ à partir du spectre cutoff et $l_B/l_{B_R} \leq 0,58$ à partir du spectre excess. Dans l'ICM-2, la compacité magnétique ajustée pour le spectre cutoff est plus faible, puisque nous obtenons $l_B/l_{B_R} \leq 6,0$ et $l_B/l_{B_R} \leq 0,60$, respectivement.

Nous venons de mentionner que les modèles magnétiques n'avaient pas besoin de supposer un flux de photons mous du disque pour expliquer les spectres entre 4 – 500 keV. Cependant, ils nécessitent une composante de réflexion non-négligeable, ce qui indique que la présence du disque[17] est néanmoins requise. Dans le cadre d'un modèle de type ADC, cette situation peut sembler problématique car si le disque est entourée de la couronne (tel que c'est prévu par ces modèles, cf. Section 2.2.1), on s'attend à ce que le chauffage radiatif provoqué par la forte luminosité de la couronne le porte à des températures assez chaudes pour que son émission thermique soit détectable dans les spectres PCA (phénomène appelé *reprocessing*). De plus, l'émission du disque pourrait ré-intercepter la couronne et devrait donc significativement contribuer au refroidissement Compton.

Toutefois, ce désaccord apparent peut être levé. En effet, dans le cadre d'une géométrie de type ADC, la faiblesse de la luminosité du disque peut être expliquée si l'on suppose que la couronne présente un mouvement d'éloignement de l'objet compact (Beloborodov, 1999; Malzac et al., 2001). En utilisant les formules (5) et (7) dérivées par Beloborodov (1999), nous estimons que des vitesses d'ensemble de $0,6c$ sont suffisantes pour que le refroidissement de la couronne soit dominé par le flux synchrotron, malgré la présence d'un disque d'accrétion proche du trou noir (cf. Section 2.2.4). Dans ce cas, le phénomène de *beaming* de l'émission de la couronne peut naturellement expliquer l'amplitude de réflexion typique de $\Omega/2\pi \simeq 0,40$, puisque la majorité des photons X-dur est dirigée en direction opposée du disque. Par rapport à un milieu statique, la Comptonisation produite par une couronne en mouvement devrait alors décaler le spectre émis vers les hautes fréquences, mais comme l'effet reste relativement faible pour des vitesses de l'ordre de $0,6c$, nous n'avons pas rajouté de correction dans les modèles spectraux (économisant ainsi un paramètre libre supplémentaire). L'idée d'une couronne dynamique est de plus en plus étudiée et pourrait représenter l'élément clé reliant la phénoménologie des jets à celle du flot d'accrétion interne.

En même temps, le modèle n'exclut pas que le disque soit tronqué (comme prévu par les modèles de type ADAF, cf. Section 2.2.2), puisque la composante réfléchie ne nécessite pas *explicitement* la prise en compte de corrections relativistes. Ainsi, il est possible que la géométrie de la source permette une couverture de l'ordre de $\Omega/2\pi \simeq 0,40$ sans que le disque ne soit nécessairement

---

[17] Rappelons que le disque est nécessairement froid car son émission n'est pas détectée dans les spectres au-dessus de 4 keV (Motta et al., 2009).

proche du trou noir. Au bilan, notre analyse ne permet donc pas de discriminer entre les deux modèles ; tant que l'accélération du milieu est essentiellement non-thermique, les ICMs sont compatibles avec les deux types de géométrie/structure du flot d'accrétion (ADAF et ADC).

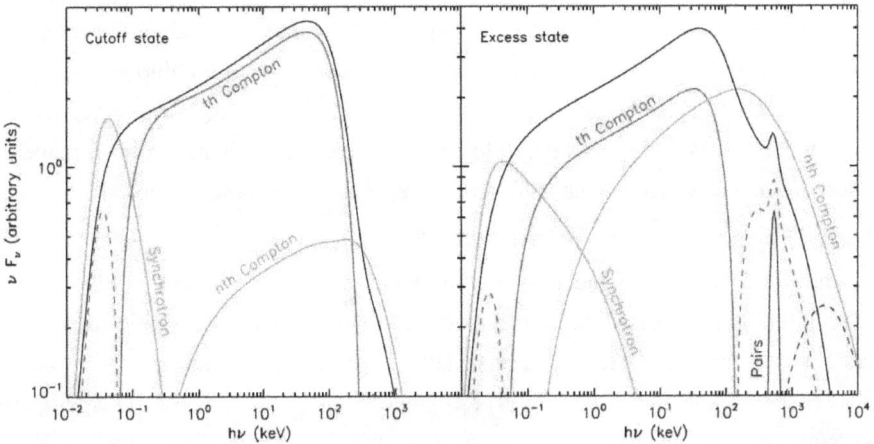

Figure 6.11 – Detail des processus radiatifs sous-jacents au modèle ICM-2 illustré sur le meilleur ajustement des spectres *cutoff* et *excess*.

Si le refroidissement des électrons est dominé par le processus SSC (i.e. si $l_s/l_{nth} \ll 1/5$), les ajustements suggèrent que la densité d'énergie du champ magnétique est du même ordre de grandeur que celle du champ de rayonnement. Par une analyse qualitative du spectre canonique de l'état dur de Cygnus X-1, Malzac & Belmont (2009) ont estimé que la densité d'énergie magnétique était strictement inférieure à la valeur d'équipartition ($l_B/l_{B_R} < 0,3$). S'agissant à chaque fois de limites supérieures, nous ne pouvons pas comparer directement les deux sources. Néanmoins, même si les résultats dérivés ici sont cohérents avec ceux obtenus pour Cygnus X-1, nous remarquons qu'il est possible que le champ magnétique joue un rôle plus important dans GX 339–4. En l'absence d'une composante extérieure significative, le modèle suggère que les processus magnétiques peuvent être dominants, tout du moins pour le spectre *cutoff*.

Dans le cadre des modèles magnétiques étudiés, une transition entre les deux spectres peut être expliquée par la variation de seulement deux paramètres. En effet, les ajustements suggèrent un changement de la compacité magnétique, couplé soit à une variation de l'indice spectral de la distribution électronique (ICM-1), soit à un changement de l'énergie maximale des électrons accélérés (ICM-2). Tous les autres paramètres libres sont ajustés à des valeurs compatibles entre eux, compte tenu des incertitudes à 90% de confiance. Pour expliquer la transition entre le spectre *cutoff* et le spectre *excess* avec l'ICM-1 (γ_{max} fixé à 1000), nous avons besoin d'une baisse de l'intensité du champ magnétique d'un facteur 5,4 et d'un durcissement de l'indice spectral des électrons injectés, typiquement de $\Gamma_{inj} \simeq 3,5$ à $\Gamma_{inj} \simeq 2,5$. Dans le cadre de l'ICM-2 (Γ_{inj} fixé à 2,5), le champ magnétique diminue moins fortement avec une baisse d'un facteur 3,2, alors que nous avons besoin d'une hausse de l'énergie maximale de $\gamma_{max} \simeq 5$ à $\gamma_{max} \simeq 180$.

Indépendamment du mécanisme d'accélération précis impliqué dans le flot d'accrétion, une variation de l'intensité du champ magnétique aura un effet naturel sur l'énergie de coupure de la distribution des électrons accélérés. En effet, l'énergie maximale des particules est atteinte lorsque les pertes énergétiques commencent à devenir plus importantes que les gains. Dans les modèles magnétiques que nous avons étudiés dans ce chapitre, les pertes d'énergie des particules relativistes sont dominées par le refroidissement synchrotron (les pertes Compton et Coulomb sont significativement plus faibles) et dépendent donc de l'intensité du champ magnétique. Dans le cadre des modèles d'accélération par chocs (*diffusive shock acceleration* en anglais), des études ont montré que lorsque les pertes synchrotron sont prises en compte, le facteur de Lorentz maximal des électrons accélérés vérifie $\gamma_{max} \propto 1/(KB^2)$, où K représente le coefficient de diffusion (voir par exemple Webb et al., 1984; Marcowith & Kirk, 1999). Si K est constant, cette relation prédit une dépendance simple en $\gamma_{max} \propto B^{-2}$. Or, en fonction de la nature exacte du processus d'accélération, le coefficient de diffusion peut dépendre à la fois de l'énergie des particules et de l'intensité du champ magnétique : $K(\gamma, B)$. Dans la limite de Bohm, une approximation utilisée de manière assez fréquente, on suppose que $K \propto \gamma/B$, ce qui implique que le facteur de Lorentz maximal des particules vérifie la relation $\gamma_{max} \propto B^{-1/2}$.

Avec seulement deux points, nous ne pouvons pas évaluer la dépendance empirique entre les deux paramètres, mais nos mesures suggèrent plutôt un comportement de type $\gamma_{max} \propto B^2$. Malgré ce désaccord avec les prédictions (simplifiées) de Bohm, le comportement global est cohérent, à savoir nous observons une décroissance de l'énergie maximale suite à l'intensification du champ magnétique. Notons aussi que d'autres mécanismes d'accélération, tel la reconnexion magnétique par exemple, sont susceptibles de prédire une dépendance différente.

Dans un milieu non-magnétisé (cf. Section 6.5.2), nous avons discuté la possibilité d'une variation de l'indice spectral des électrons suite au changement des conditions physiques dans les régions d'accélération. Ici, alors que la simple considération du refroidissement synchrotron implique que γ_{max} et B sont nécessairement anti-corrélés, les connexions physiques entre la pente Γ_{inj} et le champ magnétique sont moins évidentes. Par conséquent, dans le cadre d'un plasma fortement magnétisé, l'interprétation qui fait intervenir des variations de γ_{max} nous semble plus probable. Quoi qu'il en soit, la variabilité du mécanisme de chauffage a été modélisée à l'aide d'un seul paramètre libre, alors que la réalité est sans doute plus complexe. Il est donc probable que les deux paramètres que nous avons considérés varient simultanément. Nous soulignons cependant qu'en augmentant le nombre de paramètres libres, nous aurions diminué les contraintes sur chacun d'entre eux sans pour autant obtenir des ajustements de meilleure qualité.

Dans le cadre de l'ICM-2, nous avons exploré l'impact des variations des paramètres sur la distribution des électrons et les mécanismes radiatifs impliqués. Bien que la partie à basse énergie des spectres de photons prédits par le modèle soit très similaire, nous remarquons que les distributions électroniques sous-jacentes sont significativement différentes (cf. Figure 6.10). En effet, les variations évaluées de B et de γ_{max} changent non seulement la partie non-thermique de la distribution d'équilibre, mais affectent aussi la température de la partie thermalisée. La Figure 6.11 compare les contributions des différents mécanismes radiatifs au spectre total des photons, en montrant séparément la Comptonisation par les particules thermiques et non-thermiques. Pour évaluer ceci, nous avons ajusté la partie à basse énergie par une distribution Maxwellienne et les particules dont l'énergie dépassait de plus d'un ordre de grandeur la température de la Maxwellienne furent considérées comme étant non-thermiques. Comme attendu, les variations des différents paramètres (cf. Tableau 6.3) augmentent fortement le rapport entre le nombre de particules thermiques et non-thermiques ; c'est donc bel et bien ce phénomène qui est responsable de la production de la queue à haute énergie.

Au final, nous pouvons conclure que l'ICM-2 propose un scénario simple et physiquement cohérent pour expliquer nos données. La variabilité spectrale à haute énergie pourrait être engendrée et rythmée par les variations d'un seul paramètre, l'intensité du champ magnétique. Sous l'hypothèse d'un milieu sphérique de rayon $R = 30\ R_{\mathrm{G}}$, d'une masse du trou noir de $M = 13\ M_{\odot}$ et d'une distance de $d = 8$ kpc, nous estimons une variation maximale de l'intensité du champ magnétique d'un facteur ~3, entre $B = 3,9 \pm 1,5 \times 10^{6}$ G et $B = 1,25 \pm 0,50 \times 10^{7}$ G. Nous rappelons que ces valeurs sont dérivées sous l'hypothèse que le refroidissement de la couronne est réalisé uniquement par le champ magnétique ; les intensités mentionnées ainsi que le facteur de variation représentent donc des limites supérieures conservatives.

Si les spectres moyens que nous avons étudiés fournissent une bonne approximation des spectres individuels des différents pointages, l'échelle de temps de la variabilité est tout au plus de l'ordre de l'heure. En utilisant le modèle standard (modèle α) de Shakura & Sunyaev (1973), l'échelle de temps visqueuse du disque d'accrétion à un rayon R est donnée par $t_{\mathrm{visc}} = \alpha^{-1}\ (H/R)^{-2}\ t_{\mathrm{K}}$, où H/R représente le rapport d'aspect géométrique du disque et t_{K} la période Keplérienne. En utilisant les contraintes standard $\alpha \geq 0,01$ (disque en quiescence) et $H/R \simeq 0,1$ (disque fin), il vient $t_{\mathrm{visc}} < 10$ min pour une source de taille typique $R = 30\ R_{\mathrm{G}}$. L'échelle de temps visqueuse pour des modèles de type ADAF est beaucoup plus courte. Par conséquent, même si la géométrie de la région émettrice des rayons X-dur/γ-mou et son évolution dynamique restent incertaines, des changements globaux sur des échelles de temps de l'ordre de l'heure sont parfaitement réalistes.

7. L'émission haute énergie de GS 1826-24

7.1 Caractéristiques de la source

La source persistante GS 1826–24 fut découverte lors d'une manœuvre du satellite *Ginga* en 1988 (Makino, 1988). La photométrie optique de l'étoile compagnon a révélé une magnitude de V $\simeq$ 19, témoin d'un objet de faible masse (i.e. un système LMXB, Motch et al. 1994), ainsi qu'une modulation de 2,1 h (Homer et al., 1998), signe distinctif d'une binaire compacte.

De par ses propriétés X, similaires à Cygnus X-1 ou GX 339–4, le système fût initialement soupçonné de puiser son énergie par accrétion sur un trou noir (Tanaka, 1989). Or, quelques années plus tard, des systèmes à étoiles à neutrons furent observés avec les mêmes caractéristiques spectro-temporelles (p.ex. 4U 1608–522, Yoshida et al. 1993), fragilisant cette classification préliminaire. Un suivi régulier de l'émission X réalisé par les caméras WFC (*Wide Field Cameras*) à bord du satellite BeppoSAX a finalement permis de trancher sur la nature de la source. En effet, Ubertini et al. (1997) ont détecté des sursauts X réguliers de type I, qui résultent de l'explosion thermonucléaire du gaz accrété à la surface d'une étoile à neutrons faiblement magnétisée ($B < 10^{10}$ G, voir Strohmayer & Bildsten (2006) pour un article de revue sur le phénomène). Les sursauts produits par GS 1826–24 montrent une périodicité extrêmement stable, ce qui est plutôt extraordinaire pour une source de ce type[18] (Ubertini et al., 1999). Chaque sursaut a une durée typique de l'ordre de 100 sec et les courbes de lumière des différents sursauts sont quasi-identiques (Galloway et al., 2004; Thompson et al., 2005).

Sur des échelles de temps de plusieurs années, on observe cependant une

---

[18] la stabilité des sursauts lui a valu le surnom de « *the clocked buster* ».

diminution de la périodicité des sursauts. Cette évolution est fortement corrélée à une augmentation lente mais continue du flux persistant (i.e. le flux observé hors épisodes de sursaut). En effet, Galloway et al. (2004) ont montré que la durée entre les sursauts vérifie $\Delta t \propto F_{X}^{-1,05}$, où F_X représente le flux persistant mesuré en X. Considérant $F_X \propto \dot{m}$, avec $\dot{m}$ le taux d'accrétion, ils estiment que la quantité de masse accrétée nécessaire à l'allumage des sursauts est constante. Thompson et al. (2008) et Cocchi et al. (2010) (ci-après C10) ont cependant montré qu'il existe des épisodes ponctuels où le comportement de la source semble dévier significativement du régime habituel ; ils l'expliquent par une sous-estimation du flux bolométrique suite à la présence d'une composante additionnelle à basse énergie, fortement absorbée par le gaz interstellaire.

Le spectre de l'émission persistante s'étend à haute énergie (>100 keV), comme en témoigne la détection par OSSE (Strickman et al., 1996). En raison de leur significativité relativement faible (~ 7.5 σ), les mesures d'OSSE n'ont pourtant pas permis une étude précise de la forme spectrale en X-dur. Plus tard, plusieurs études ont profité d'une couverture spectrale à bande large, mettant en jeu les données de BeppoSAX (in't Zand et al., 1999), RXTE (Barret et al., 2000), RXTE & *Chandra* (Thompson et al., 2005), RXTE & XMM-*Newton* (Thompson et al., 2008) et récemment INTEGRAL (C10). Toutes ces études montrent que la source est toujours observée dans un état dur, avec un spectre qui s'étend systématiquement au-delà de 100 keV. Alors que la forme spectrale >20 keV est phénoménologiquement décrite par une loi de puissance à coupure exponentielle, les différents auteurs ont suggéré plusieurs interprétations physiques du spectre total. Par exemple, in't Zand et al. (1999) proposent un modèle de Comptonisation thermique couplé à une émission corps noir à basse énergie, Barret et al. (2000) incluent une composante de réflexion suite à la détection d'une raie de fluorescence du fer et Thompson et al. (2005) suggèrent qu'un modèle de Comptonisation à deux populations électroniques (une chaude et une plus froide) fournit la meilleure interprétation des observations. En analysant les données JEM-X et IBIS/ISGRI d'INTEGRAL, C10 concluent cependant qu'une seule région de Comptonisation est suffisante pour expliquer le spectre entre 3 et 200 keV.

Le comportement stable et régulier de GS 1826–24 favorise une étude de son spectre moyen. Pourtant, la plupart des travaux se sont concentrés sur l'étude d'observations relativement ponctuelles, en attribuant beaucoup d'attention aux sursauts. A ce jour, seulement deux équipes ont présenté des mesures du flux à haute énergie de la source. Dans le cadre d'une analyse globale du ciel entre 20 keV et 1 MeV observé par SPI, (Bouchet et al., 2008) ont dérivé le flux moyen de GS 1826–24 dans quatre bandes d'énergie différentes. Les mesures de SPI ont révélées que l'émission s'étend au-delà de 200 keV, avec un flux moyen de $F_{200-600} = 24,5 \pm 3,9$ mCrab dans la bande 200 – 600 keV. Petry et al. (2009) ont présenté une étude du spectre moyen >25 keV d'une vingtaine de sources ponctuelles en utilisant une procédure automatique pour traiter l'ensemble des données INTEGRAL accumulées entre décembre 2002 et novembre 2006. Cette étude a confirmé que le spectre persistant du « clocked burster » s'étend au-delà de 500 keV.

Alors que les deux études qui viennent d'être mentionnées concernent un grand nombre de sources, nous allons présenter ici la première étude spécifique ciblée sur l'émission haute énergie de GS 1826–24. D'abord seront présentées les données utilisées ainsi que les méthodes de traitement, qui ont du être adaptées au champ de vue proche du centre Galactique. Ensuite, dans la partie consacrée aux résultats scientifiques, nous allons expliciter l'évolution temporelle du flux X-dur sur une période de plus de 5 ans avant d'aborder l'analyse du spectre moyen. Enfin, le chapitre se terminera par une discussion des résultats présentés.

7.2 Observations et traitement des données

Nous avons analysé toutes les données SPI sur GS 1826–24 obtenues entre fin mars 2003 (révolution 53) et début avril 2008 (révolution 669). Comme la position de la source est non loin du centre de la Voie Lactée (GS 1826–24 se situe à environ 10° de SgrA*), la plupart des expositions ont été réalisées dans le cadre des campagnes d'observation du bulbe Galactique. Cette situation particulière présente à la fois des avantages et des désavantages. En effet, d'une part, nous disposons de beaucoup de données ce qui permet un suivi régulier et favorise l'extraction de données moyennes statistiquement significatives à haute énergie ; d'autre part, le traitement des données est plus difficile en raison de l'émission diffuse et du nombre important de sources potentielles dans le champ de vue.

Groupe	Revs	MJD start	MJD stop	Exp time (ks)
53–65	8	52720	52757	340.0
105–122	17	52875	52928	1840.0
168–185	11	53063	53116	710.3
225–246	14	53234	53299	931.8
280–310	13	53417	53488	708.0
348–371	14	53602	53672	905.8
408–431	17	53781	53851	1253.9
472–495	13	53973	54042	779.4
531–552	12	54148	54212	715.3
596–606	2	54342	54376	257.3
661–669	4	54538	54563	354.3
total	125	52720	54563	8796.1

Tableau 7.1 – Carnet d'observation des groupes de données présentés dans le texte.

L'activité du ciel autour de GS 1826–24 a donc nécessité une méthode de traitement adaptée. Pour commencer, nous avons rassemblé toutes les révolutions qui contenaient au moins 12 pointages où la source se situait à moins de 12° de l'axe. Par ces conditions, nous limitons notre analyse aux révolutions qui présentent assez de données pour permettre une étude du spectre. Ainsi, il sera possible de suivre l'évolution spectro-temporelle de la source avec un temps d'intégration typique de l'ordre du jour.

Les 125 révolutions sélectionnées sont distribuées par groupes, dont chacun correspond à une campagne d'observation du centre Galactique. Nous avons adopté ce découpage naturel et analysé les données par groupes, chacun contenant entre 2 et 17 révolutions (cf. Tableau 7.1 pour le carnet observationnel correspondant). Cette approche permet d'optimiser le traitement pour essentiellement deux raisons. D'abord, le traitement collectif permet de gagner du temps par rapport à un traitement individuel de chaque révolution, sans pour autant perdre en exactitude. En effet, comme les groupes recouvrent des périodes temporelles relativement courtes (≤ 70 jours), les propriétés du bruit de fond (évolution à long terme) et l'état du plan de détection (nombre de détecteurs en opération, situation par rapport aux *annealings* etc.) restent relativement stables (voire identiques) pour chacun des groupes considérés. D'autre part, notre approche permet d'individuellement ajuster le modèle de ciel à chacun des groupes, ce qui réduit les degrés de liberté du processus par rapport à une analyse globale. En effet, comme le champ de vue de

GS 1826–24 contient des sources transitoires, certaines d'entre-elles peuvent par moment être exclues de l'analyse.

Dans un premier temps, nous avons analysé l'évolution du bruit de fond au sein de chaque groupe. Cette étape est importante car certains pointages sont inexploitables suite à une contamination par des sursauts solaires ou par les entrées du satellite dans les ceintures de radiation de la Terre. Nous avons utilisé le logiciel *deconv* pour estimer l'intensité du bruit de fond par pointage, en spécifiant un modèle de ciel rudimentaire contenant seulement les 4 sources les plus fortes du champ de vue (i.e. 1E 1740–2924, GRS 1758–258, GS 1826–24 et 4U 1700–377). De cette manière, nous avons identifié puis éliminé les pointages qui montrent un niveau d'intensité de 50 % ou plus au-dessus de la valeur nominale moyenne dérivée à partir des pointages voisins. Pour des écarts plus faibles mais toujours significatifs, la considération des profils de bruit relevés par le système d'anti-coïncidence (ACS) a généralement permis de confirmer la contamination. En revanche, si l'ACS n'a pas montré d'anomalie, il est possible que l'augmentation du « bruit » soit due au sursaut d'une source non considérée dans le modèle ; nous avons donc provisoirement gardé le pointage concerné dans le jeu de données. L'ensemble de pointages retenus pour cette étude correspond à une exposition utile de $\simeq 8,8$ Msec.

Ensuite, pour déterminer le catalogue total des sources à prendre en compte, nous avons utilisé le mode *imaging* du logiciel *spiros* (cf. 4.3.4). Nous avons analysé les données des différents groupes successivement, afin d'établir la liste de toutes les sources qui ont été détectées sur une ou plusieurs révolutions. Le bruit de fond que nous avons soustrait des données a été évalué par la technique du champ vide, en choisissant une observation de champ vide adaptée à chacun des groupes. Lors de la recherche des sources actives, l'algorithme procède à la soustraction itérative des excès les plus forts jusqu'à ce que l'amélioration résultante du χ^2 ne soit plus significative. Ce procédé a été répété sur plusieurs échelles de temps afin de ne pas noyer les sources qui ont été actives seulement sur des périodes très courtes. A part GS 1826–24, treize sources[19] ont été détectées dans la bande 25–50 keV, avec des significativités allant de ~5 σ à plus de 100 σ. Les plus fortes, à savoir 1E 1740–2924, GRS 1758–258 et 4U 1700–377 sont actives tout le temps alors que certaines, comme GX 1+4, H1743–322 ou IGR J1743–2721, montrent des phases (plus ou moins longues) où elles sont éteintes.

Une fois le catalogue total des sources établi, nous avons repris l'analyse des données avec le logiciel *deconv*. Cette fois, nous avons extrait les flux moyens par révolution des 14 sources potentielles dans les bandes 22–50 keV, 50–150 keV et 150–450 keV. Nous avons de nouveau procédé par groupes, la carte d'uniformité du bruit de fond étant évaluée par des observations de champs vides adaptées (les mêmes que toute à l'heure) puis soustraite en ajustant sa normalisation pointage par pointage. En enlevant toutes les sources dont la significativité par révolution et par bande était toujours inférieure à 6 σ, cette étape a permis d'établir un catalogue de sources réduit adapté à chacun des groupes.

Maintenant que nous disposons d'un modèle de ciel minimal mais suffisant, nous reprenons le traitement en analysant l'évolution des flux 22 – 50 keV pointage par pointage. Ceci permet d'évaluer l'échelle de temps optimale pour décrire la variation du flux des sources actives. Par exemple, 4U 1700–377 est très variable : il est indispensable d'en extraire le flux à l'échelle de temps du pointage. D'autres sources, en revanche, sont assez stables, si bien qu'une variabilité par révolution est suffisante pour obtenir un bon accord entre le modèle et les coups enregistrés par le plan de détection. Dès que possible, nous avons réduit les échelles de variabilité afin de minimiser les degrés de liberté du processus d'extraction.

Après l'analyse à bandes larges, nous avons extrait les spectres (40 canaux en énergie) de toutes les sources actives. Les échelles de temps et les champs vides que nous avons utilisés pour chaque groupe sont restés identiques, mais nous avons rajouté une composante diffuse dans les modèles de ciel. En effet, la position proche du centre Galactique nécessite la prise en compte de l'émission diffuse liée à l'annihilation des positrons. Celle-ci comprend deux composantes : la première

---

[19] les autres sources détectées sont : 1E 1740–2924, GRS 1758–258, 4U 1700–377, GX 1+4, H 1743–322, GRS 1739–278, GX 354–0, GX 5–1, XTE J1814–338, IGR J17445–2747, IGR J18135–1751, IGR J17473–2721 et XTE J1723–376.

est une raie à 511 keV, produite par l'annihilation directe entre électrons et positrons ou par l'intermédiaire de la formation d'un para-positronium (structure formé d'un électron et d'un positron à spin opposé). La deuxième est un continuum en forme de dent de scie qui pique vers 511 keV, produite lors de l'annihilation de l'ortho-positronium (spin de l'électron et du positron dans le même sens). C'est cette dernière composante que nous avons incluse dans le modèle du ciel. La raie, en revanche, est traitée à part grâce à un canal spectral spécifique (506 – 518 keV).

7.3 Résultats

7.3.1 Courbes de lumière

Nous avons étudié l'évolution à long terme de l'émission X-dur de GS 1826–24. Les Figures 7.1 et 7.2 montrent la courbe de lumière complète mesurée par SPI dans la bande 22 – 50 keV Chaque point représente le flux moyen par révolution, ce qui correspond à un temps d'intégration de l'ordre du jour. A part un épisode où l'émission X-dur semble éteinte, l'intensité de la source est relativement constante, avec typiquement 70 mCrab $< F_{rev} <$ 120 mCrab et une incertitude moyenne de 7 mCrab. A long terme, nous observons une lente augmentation monotone du flux moyen. Pour le premier groupe qui comprend les données de 8 révolutions (244 pointages ; fin mars à fin avril 2003), nous avons mesuré un flux moyen de 77,6 ± 1,7 mCrab. Pour les deux derniers groupes (septembre 2007 et mars 2008), qui contiennent ensemble 6 révolutions (228 pointages), le flux moyen s'élève à 108,4 ± 1,8 mCrab. Sur 5 ans, nous en déduisons donc une augmentation moyenne du flux journalier de près de 40%. Nous précisions qu'il s'agit là d'une évolution moyenne, et que des écarts parfois importants sont observés ponctuellement.

Début mars 2004, le flux 22 – 50 keV de GS 1826 – 24 a atteint un minimum ; pendant les 19 pointages de la révolution 168, la source n'est plus détectée de manière significative (7,6 ± 7,5 mCrab). Sur le mois suivant, l'émission semble se rallumer de manière progressive et retrouve le niveau habituel début avril 2004. Cet épisode étant intrigant, nous avons analysé les données de ce groupe plus en détail (cf. section suivante).

Nous avons aussi analysé l'évolution de la source sur l'échelle de temps du pointage ($\simeq$ 40 min). Dans la limite des incertitudes, nous n'observons aucune

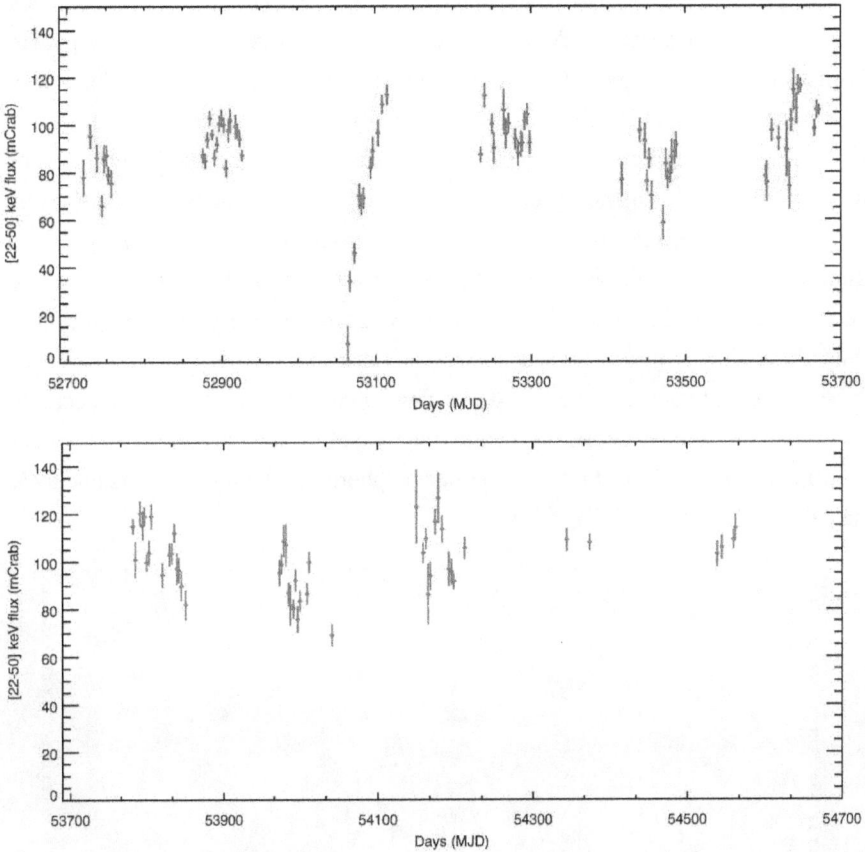

Figure 7.1 – Courbe de lumière à long terme du niveau d'émission moyen par jour de GS 1826–24 dans la bande 22 – 50 keV. L'axe des abscisses est donné en MJD (*Modified Julian Day*) et s'étend de mars 2003 à avril 2008.

évolution particulière à aucun moment, ce qui suggère que le flux X-dur est stable à court terme. Nous remarquons cependant que les incertitudes typiques sur les mesures par pointage du flux entre 22 – 50 keV sont de l'ordre de 40 mCrab (i.e. $\geq$ 35 % du flux moyen), ce qui empêche des conclusions fondées.

7.3.2 Episode du mois de mars 2004

GS 1826–24 est une source persistante. Pourtant, début mars 2004, l'émission X-dur semble avoir atteint un niveau tellement faible que la source n'est plus détectée par SPI. Pour explorer davantage ce comportement inhabituel, nous avons étudié l'évolution spectrale de la source lors de la phase de retour au niveau d'émission habituel. A cet effet, nous avons extrait les spectres individuels (i.e. moyennés par révolution) du troisième groupe (cf. Figure 7.1) et les avons ajustés dans *xspec* v11.3.2 avec une simple loi de puissance. Comme les révolutions qui suivent la phase d'extinction présentent un signal relativement faible, nous avons limité notre analyse à la bande 22 – 100 keV. Nous remarquons cependant que cette bande est suffisante pour obtenir une caractérisation phénoménologique de la forme spectrale en X-dur. La Figure 7.3 montre les résultats de cette analyse en traçant la pente du meilleur ajustement du spectre en fonction du flux 22 –50 keV par révolution. Il est apparent que lors de la montée en intensité, la source ne semble pas exhiber de changement spectral particulier. En effet, sur une plage de flux allant de 35 mCrab à plus de 110 mCrab, l'indice de photon est toujours compatible avec une valeur moyenne égale à $\Gamma = 2,4$.

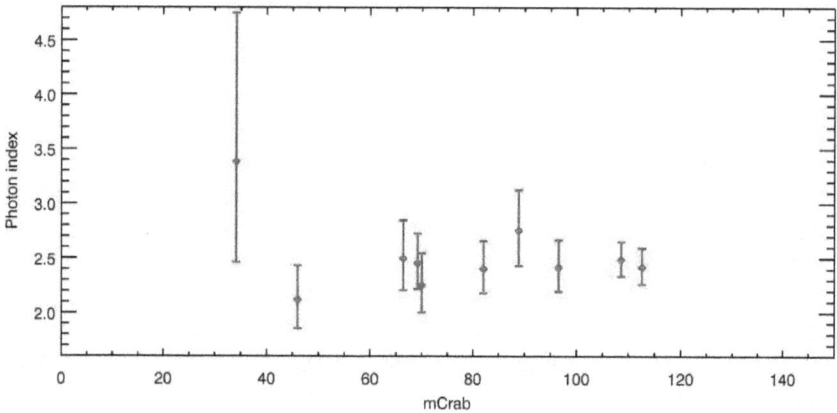

Figure 7.2 – Relation entre l'indice spectral évalué par ajustement avec une loi de puissance et le flux mesuré dans la bande 22 – 50 keV.

7.3.3 Comparaison avec C10

Récemment, Cocchi et al. (2010) (C10) ont présenté une étude de GS 1826–24 basée sur des données JEM-X et IBIS/ISGRI. Comme cette étude n'inclut pas les données SPI correspondantes, nous les avons analysées ici en utilisant les mêmes modèles spectraux. Mis à part le fait de vérifier la cohérence entre les mesures des différents instruments d'INTEGRAL, ceci permet éventuellement de mieux contraindre la partie à haute énergie des spectres présentés par C10.

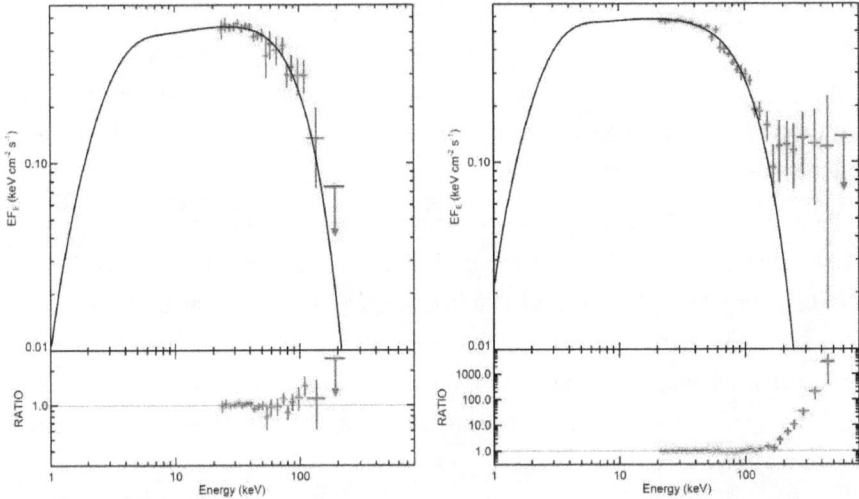

Figure 7.3 – *Gauche* : spectre de l'épisode 119–122 ajusté avec un modèle de Comptonisation thermique (*comptt*). *Droite* : spectre moyenné sur toute la période d'observation ajustée avec le même modèle ; grâce à la meilleure statistique, l'excès à haute énergie devient apparent.

Nous avons donc analysé les données SPI de trois groupes d'observations : le premier correspond aux révolutions 61 – 64 (avril 2003), le deuxième aux révolutions 119 – 122 (octobre 2003) et le troisième à la révolution 495 (novembre 2006). Pour ajuster les spectres moyens par groupe, nous avons utilisé les modèles *cutoffpowerlaw* et *comptt* (Titarchuk, 1994), convolés avec le modèle d'absorption *wabs*. Le modèle d'absorption n'est pas nécessaire mais nous l'avons inclus pour avoir exactement la même configuration que C10[20]. Pour le modèle *comptt*, nous avons ajusté seulement la profondeur optique (τ), alors que les températures des photons cibles (kT_0) et des électrons (kT_e) ont été fixées aux valeurs obtenues par C10. De manière similaire, nous avons fixé l'indice de la loi de puissance et évalué simplement l'énergie de coupure qui décrit au mieux les données SPI.

Les deux modèles permettent à chaque fois de bien décrire la forme des spectres

---

[20] avec N_H fixé à 3×10^{21} Hcm^{-2}, cf. Thompson et al. (2008).

entre 22 – 200 keV. Pour les trois jeux de données, nos résultats sont compatibles avec ceux de C10. Pour le groupe 119 – 122, le modèle de Comptonisation thermique suggère par exemple une profondeur optique de $\tau = 4{,}34^{+0,25}_{-0,24}$ (cf. Figure 7.4 gauche), alors que C10 ont trouvé $\tau = 4{,}12^{+0,23}_{-0,24}$. Nous précisons que ces valeurs sont dérivées en supposant une géométrie sphérique ; une couronne aplatie enveloppant le disque produit un spectre de forme identique avec une profondeur optique plus faible, à savoir $\tau \simeq 1{,}85$.

Pour chacun des spectres, nous avons aussi calculé le flux entre 20 – 200 keV prédits par les modèles. Ici encore, nos résultats sont très proches de ceux de C10. Pour le groupe 119 – 122, le modèle utilisé suggère que le flux de la source s'élève à $F_{20-200} = 1{,}31 \times 10^{-9}$ erg cm^{-1}s^{-1}, contre $F_{20-200} = 1{,}34 \times 10^{-9}$ erg cm^{-1}s^{-1} obtenu par C10. Cependant, les données SPI n'ont pas permis d'améliorer les contraintes à haute énergie. Le nombre de coups dans les canaux >150 keV est tellement faible que les mesures ne sont plus significatives.

7.3.4 Analyse du spectre moyen

L'étude des révolutions individuelles a montré que SPI n'observe pas d'évolution significative de la forme spectrale >20 keV. Les indices de photon qui décrivent au mieux les 125 spectres moyennés par révolution sont toujours compatibles entre eux, avec une valeur typique de $\Gamma = 2{,}5 \pm 0{,}2$. Par conséquent, il est intéressant de sommer toutes les données afin d'en extraire le spectre total, i.e. moyenné sur toute la période d'observation. L'avantage d'une telle moyenne est que les fluctuations statistiques qui affectent les canaux à haute énergie sont réduites, ce qui permettra d'obtenir un rapport signal sur bruit significatif jusqu'à plusieurs centaines de keV. Le désavantage est cependant que nous ne pourrons pas conclure quant à une éventuelle évolution physique à court terme[21], qui restera indétectable avec SPI.

Pour l'analyse du spectre total, nous avons considéré la bande d'énergie 22 – 700 keV, en ignorant les bandes fines 137 – 142 keV et 196 – 201 keV. Ces bandes sont susceptibles de contenir une contamination due à des raies (instrumentales ou

---

[21] des variations spectrales à court terme sont observées à plus basse énergie, voir C10 par exemple.

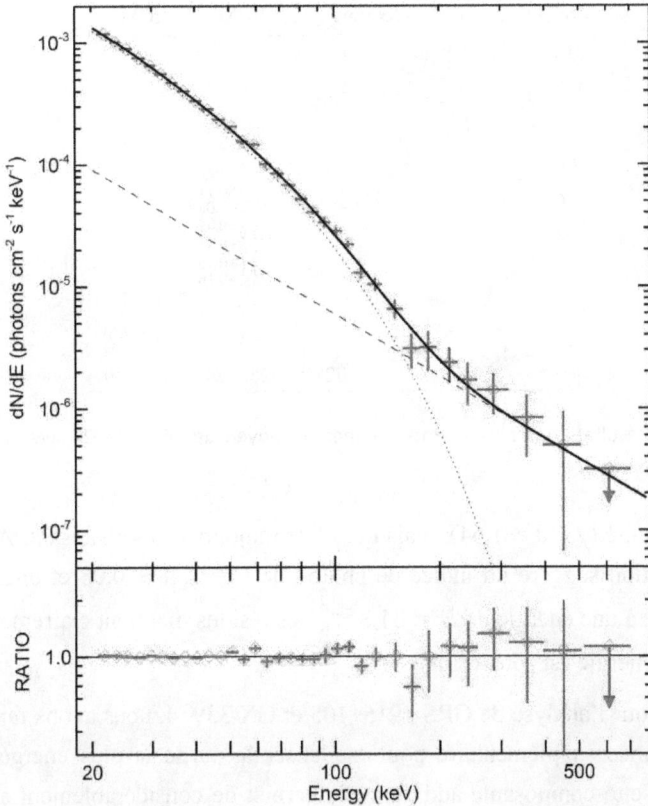

Figure 7.4 – Représentation en nombre de photons par tranche d'énergie du spectre moyen, ajusté avec une loi de puissance à coupure exponentielle plus une deuxième loi de puissance à haute énergie.

diffuses) et ont donc été exclues par précaution. L'entassement des données augmente la statistique des mesures si bien que les erreurs systématiques deviennent non-négligeables ; nous avons donc ajouté 1 % d'erreur systématique à chaque canal considéré.

D'abord, nous avons ajusté le spectre total avec une simple loi de puissance. Le meilleur ajustement est obtenu avec une pente de $\Gamma = 2{,}47$, mais la description par une loi de puissance n'est clairement pas adéquate en raison de la courbure du spectre. En rajoutant une coupure exponentielle, nous obtenons un ajustement de

Modèle	CUTOFF+PL	COMPTT+PL	ECM1	ICM2
Γ_1	$1.27^{+0.12}_{-0.15}$	-	-	-
E_c	$38.5^{+5.3}_{-4.9}$	-	-	-
Γ_2	$1.7^{+1.1}_{-1.7}$	$2.0^{+0.4}_{-4.9}$	-	-
kT_e	-	$17.2^{+1.5}_{-1.2}$	-	-
τ	-	$4.83^{+0.43}_{-0.41}$	$3.50^{+0.11}_{-0.08}$	$3.38^{+0.17}_{-0.24}$
l_{nth}/l_s	-	-	$4.79^{+0.62}_{-0.51}$	-
Γ_{inj}	-	-	$2.71^{+0.15}_{-0.16}$	-
l_B	-	-	-	$4.5^{+7.8}_{-0.5}$
γ_{max}	-	-	-	205^{+670}_{-104}
χ^2/ν	28.8/28	28.8/28	26.7/29	28.7/29

Tableau 7.2 – Résultats des ajustements du spectre moyen de GS 1826–24 avec les modèles décrits dans le texte.

meilleure qualité ($\chi^2/30 = 1{,}64$), mais qui n'est toujours pas satisfaisant. Alors que cette description suggère un indice de photon de $\Gamma = 1{,}48 \pm 0{,}08$ et une coupure exponentielle à une énergie de $E_c = 51{,}3^{+5,4}_{-4,6}$, les résidus montrent clairement que le flux à haute énergie est sous-estimé.

Comme pour l'analyse de GRS 1915+105 et GX 339–4, nous avons rajouté une loi de puissance supplémentaire pour modéliser la partie la plus énergétique de l'émission. Cette composante additionnelle permet de considérablement améliorer l'ajustement, qui est maintenant d'une qualité impeccable ($\chi^2/28 = 1{,}03$, cf. Figure 7.5). L'indice de photon de la deuxième loi de puissance n'est cependant pas contraint, puisque nous dérivons une valeur de $\Gamma = 1{,}69^{+1,11}_{-1,70}$ avec un niveau de confiance à 90 %. Pour évaluer les incertitudes sur les paramètres de la première loi de puissance, nous avons donc fixé la pente de la deuxième loi de puissance à la valeur $\Gamma_2 = 1{,}7$. Dans ces conditions, l'indice de photon de la première loi de puissance est évalué à $\Gamma_1 = 1{,}27^{+0,12}_{-0,15}$, la coupure exponentielle se trouve réduite à $E_c = 38{,}5^{+5,3}_{-4,9}$ et la composante additionnelle domine le spectre au-delà de 200 keV. D'après le *ftest*, la probabilité que l'amélioration du χ^2 soit survenue par hasard est égale à $P_{ftest} = 5{,}5 \times 10^{-4}$. Nous concluons que le spectre moyen de GS 1826–24 présente une composante additionnelle à haute énergie, similaire à celle détectée dans les sources à trou noir étudiées dans les chapitres précédents.

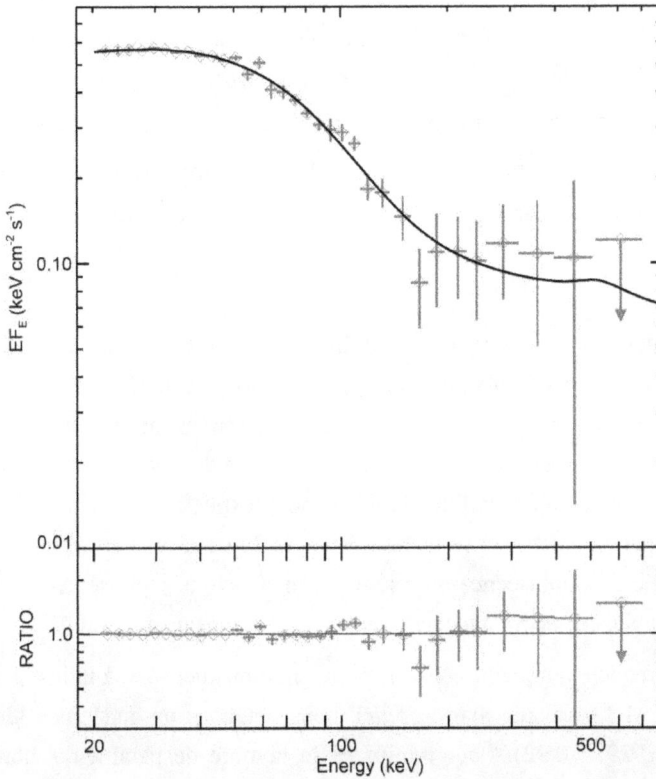

Figure 7.5 – Ajustement des données avec le modèle ICM-2 qui suppose un plasma magnétisé et un chauffage purement non-thermique des électrons. L'ajustement obtenu est de qualité excellente ($\chi^2/29 = 0,99$), ce qui montre qu'un tel modèle est compatible avec le spectre moyen de GS 1826–24.

Nous avons refait la même analyse en remplaçant la loi de puissance à coupure exponentielle par le modèle *comptt* (Titarchuk, 1994). Non contrainte par les données SPI, nous avons fixé la température des photons cibles à $kT_{bb} = 750$ eV (valeur moyenne des résultats publiés par C10) et supposé une géométrie sphérique. Comme attendu, une Comptonisation purement thermique ne suffit pas pour expliquer le spectre, qui présente un excès significatif à haute énergie ($\chi^2/30 = 2,40$). La partie < 120 keV est cependant bien reproduite (cf. Figure 7.4 droite), avec $kT_e \simeq 23$ et $\tau \simeq 3,75$. Nous avons rajouté une composante supplémentaire, modélisée par une loi de puissance, ce qui améliore l'ajustement de manière significative ($\chi^2/28 = 1,03$, le spectre du modèle est présenté en rouge sur la Figure 7.7). L'indice de la loi de puissance n'est toujours pas contraint et a cette fois été fixé à $\Gamma = 2,0$, valeur qui réalise le meilleur ajustement. La température des électrons et la profondeur optique du plasma s'ajustent maintenant à $kT_e = 17,2^{+1,5}_{-1,2}$ et $\tau = 4,83^{+0,43}_{-0,41}$, et la loi de puissance domine le spectre > 150 keV. Le flux entre $20 - 200$ keV prédit par le modèle s'élève à $1,42 \times 10^{-9}$ erg cm^{-1}s^{-1} et le *ftest* évalue une probabilité de l'ordre de $P_{ftest} = 3 \times 10^{-6}$ que l'amélioration soit due au hasard.

En dernier lieu, nous avons utilisé des modèles de Comptonisation physiquement auto-cohérents pour décrire l'émission à haute énergie de la source. Pour rester suffisamment concis, nous décrivons seulement les résultats obtenus avec les modèles ECM-1 et ICM-2. Pour la définition des modèles, nous invitons le lecteur à se référer au Chapitre 6 où ils sont explicités en détail. Comme la couverture spectrale commence ici au-dessus de 20 keV, nous n'avons pas pris en compte la raie de fluorescence du fer. Aussi, nous avons supposé que la réflexion était négligeable, en accord avec les résultats de Thompson et al. (2005) et C10.

Avec un modèle purement non-thermique, non-magnétisé et à indice d'injection variable (ECM-1 ; calculé avec *eqpair*), nous obtenons un ajustement de qualité excellente ($\chi^2/29 = 0,92$). Pour minimiser le nombre de paramètres libres, nous avons fixé les paramètres de la composante extérieure de photons mous, i.e. nous supposons $l_s = 1$ et $kT_{bb} = 100$ eV[22]. Les valeurs des trois paramètres libres que nous avons ajustés sont proches de ceux obtenus pour l'état dur lumineux de GX 339–4 (cf. Chapitre 6), à savoir nous trouvons $l_{nth}/l_s = 4,79^{+0,62}_{-0,51}$, $\tau = 3,50^{+0,11}_{-0,08}$ et $\Gamma_{inj} = 2,71^{+0,15}_{-0,16}$. Ces résultats montrent que le continuum moyen de GS 1826–24 peut avoir les mêmes origines physiques que celui observé lors des états durs lumineux de GX 339–4.

Avec un modèle purement non-thermique, magnétisé et à énergie maximale d'injection variable (ICM-2 ; calculé avec *belm*), nous obtenons également un ajustement irréprochable ($\chi^2/29 = 0,99$). Nous avons fixé la compacité

---

[22] La température des photons cibles a été fixée à une valeur plus faible que celle suggérée par C10 (i.e. $kT_{bb} = 750$ eV) car cette dernière entraîne un ajustement de mauvaise qualité ($\chi^2/29 = 1,26$)

d'accélération non-thermique à $l_{nth} = 10$, l'indice d'injection à la valeur standard $\Gamma_{inj} = 2,5$ et nous avons ignoré l'émission thermique éventuelle du disque ($l_s = 0$). En revanche, nous avons supposé que le plasma présente une compacité magnétique l_B non nulle. Avec une telle configuration, les données suggèrent que la profondeur optique du plasma est compatible avec celle déterminée avec l'ECM-1, à savoir $\tau = 3,38^{+0,17}_{-0,24}$. Nous trouvons une compacité magnétique de $l_B = 4,5^{+7,8}_{-0,5}$ et les données suggèrent que les électrons sont accélérés jusqu'à un facteur de Lorentz maximal de $\gamma_{max} = 200^{+650}_{-100}$. Ainsi, Nous pouvons conclure qu'une accélération purement non-thermique et un refroidissement par processus SSC sont suffisants pour expliquer l'émission à haute énergie du flot d'accrétion de GS 1826–24.

Bouchet et al. (2008) et Petry et al. (2009) ont utilisé approximativement les mêmes données mais des méthodes différentes pour extraire le spectre moyen total de GS 1826–24. Ces auteurs quantifient l'émission à haute énergie par une mesure du flux entre 200 – 600 keV ; Bouchet et al. (2008) trouvent $F_{200-600} = 24,5 \pm 3,9$ mCrab alors que Petry et al. (2009) ont obtenu $F_{200-600} = 18,4 \pm 5,7$ mCrab. Ici, nous dérivons une valeur compatible avec les deux mesures précédentes, à savoir $F_{200-600} = 19,7 \pm 3,9$ mCrab. Petry et al. (2009) utilisent une loi de puissance à coupure plus une deuxième loi de puissance pour décrire le spectre moyen. Avec ce modèle, ils dérivent les paramètres $\Gamma_1 = 1,51 \pm 0,14$, $E_c = 48,4 \pm 7,8$ et $\Gamma_2 = 0,89 \pm 0,69$, ainsi qu'une probabilité de $P_{ftest} = 2 \times 10^{-3}$ que la deuxième loi de puissance ne soit pas pertinente. En fixant $\Gamma_2 = 0,89$, nous obtenons des valeurs légèrement différentes mais toujours compatibles dans les incertitudes, à savoir $\Gamma_1 = 1,36^{+0,04}_{-0,13}$ et $E_c = 43,9^{+1,1}_{-1,3}$.

7.4 Discussion

GS 1826–24 est une source assez particulière. A court terme, la stabilité du flux persistant et la régularité des sursauts X témoignent d'un flot d'accrétion extraordinairement stable et constant. A long terme, l'évolution du flux X traduit une augmentation lente mais progressive du taux d'accrétion, avec toutefois des épisodes ponctuels qui semblent échapper à cette règle (cf. Thompson et al. 2008 et C10, voir aussi plus loin). L'étude des données SPI présentée ici confirme cette situation, même si le suivi à court terme du flux X-dur s'est avéré difficile suite aux limites statistiques des mesures à haute énergie. L'analyse du spectre moyen a cependant révélé des résultats intéressants, qui renforcent le caractère particulier du système.

Sur une période de 5 ans, entre fin mars 2003 et début avril 2008, nous observons une augmentation moyenne de près de 40% du flux journalier au-dessus de 20 keV. Comme l'émission produite par les sursauts présente un spectre thermique[23] d'une température de quelques keV (au maximum) (in't Zand et al., 1999; Galloway et al., 2008) et que les sursauts ne représentent que ~1% du temps total d'émission[24] (Galloway et al., 2004; Thompson et al., 2005), nous associons le flux mesuré par SPI à l'émission persistante de la source. Sur une période de durée comparable, entre novembre 1997 et juillet 2002, Galloway et al. (2004) ont mesuré l'évolution du flux persistant dans la bande 2,5 – 25 keV et rapportent une augmentation de 66 %. Compte tenu des faibles variations du spectre à long terme, il est légitime de comparer les deux résultats, malgré des bandes d'énergie différentes ; nous retenons donc que l'augmentation progressive du taux d'accrétion semble diminuer progressivement.

En considérant la courbe de lumière à long terme du flux journalier entre 22 – 50 keV, nous avons constaté une évolution surprenante. Alors que la source est connue comme étant persistante, les données SPI ont révélé un épisode où le flux X-dur a atteint un minimum compatible avec zéro. Une baisse significative du flux persistant en X (correspondant à une déviation de 40 % de la relation qui lie la périodicité des sursauts au flux X) a déjà été mise en évidence par Thompson et al. (2008). Ces auteurs ont argumenté qu'il est possible que le flux bolométrique de GS 1826–24 soit resté plus ou moins constant (en accord avec la relation flux-périodicité), mais que l'écart entre ce dernier et le flux mesuré en X puisse provenir d'un décalage de l'émission vers les basses fréquences (EUV/X-mou). En effet, même avec une couverture spectrale < 1 keV, il est difficile de mesurer correctement le flux bolométrique car la colonne-densité de l'hydrogène (N_H) est mal connue, ce qui peut amener à sous-estimer la partie absorbée. Ainsi, il est possible que l'extinction apparente en X-dur, observée pendant la révolution 168,

---

[23] éventuellement élargi par Comptonisation.
[24] les sursauts de GS 1826–24 durent typiquement 130 s, contre une durée inter-sursauts de l'ordre de 13000 s.

soit associée à un phénomène de nature similaire mais dont l'intensité est tellement forte que l'émission X-dur s'en trouve réduite de plus d'un facteur 10. En effet, une forte perturbation du flot d'accrétion pourrait provoquer l'effondrement temporaire de la couronne, entraînant une redistribution quasi-complète de l'énergie émise. Ceci reste toutefois hautement spéculatif et l'exploration de cette hypothèse nécessitera la considération de données simultanées à basse énergie.

Les données SPI ont montré que lors du retour à l'état normal, le flux >20 keV augmente de manière progressive et retrouve sa valeur habituelle au bout de 3 semaines. En revanche, nous n'avons pas détecté de changement spectral significatif lors de cette phase de reprise de l'émission X-dur (cf. Figure 7.3). Sous l'hypothèse d'une perturbation par une composante additionnelle à basse énergie, les observations suggèrent que celle-ci soit restée confinée en-dessous de 20 keV. Dans ce cas, la composante Comptonisée a progressivement retrouvé son équilibre stable, à mesure que la composante additionnelle à basse énergie se serait estompée. D'autre part, la quiescence momentanée de l'émission X-dur peut aussi s'expliquer par une simple variation du taux d'accrétion $\dot{m}$. Néanmoins, les données SPI présentées ici ne permettent pas d'explorer davantage ces hypothèses.

BeppoSAX, RXTE et INTEGRAL ont mesuré des formes spectrales légèrement (mais significativement) différentes à différents instants (cf. Figure 7.7). Malgré un total de plus de 8 Msec de données, nos mesures n'ont pas permis de mettre en évidence (voire quantifier) ce genre de variations. En effet, avec un temps d'intégration de l'ordre du jour, la sensibilité des mesures ne permet pas de dégager des contraintes suffisamment fortes sur les paramètres des modèles spectraux. Sur des échelles de temps plus longues (typiquement de l'ordre de la semaine), les contraintes deviennent raisonnables mais le caractère moyen des observations a noyé toute évolution particulière à court terme. Nous remarquons toutefois que ces éventuelles variations sont nécessairement assez modestes ($\Delta\Gamma < 0,4$), car un changement important de la pente entre $25 - 100$ keV ne serait pas passé inaperçu.

Compte tenu de la stabilité spectrale à haute énergie, l'analyse moyenne sur l'ensemble de la période d'observation conserve le sens physique du rayonnement émis sur une plus petite échelle de temps. De plus, comme le flot d'accrétion est extraordinairement stable, l'émission observée peut être considérée comme

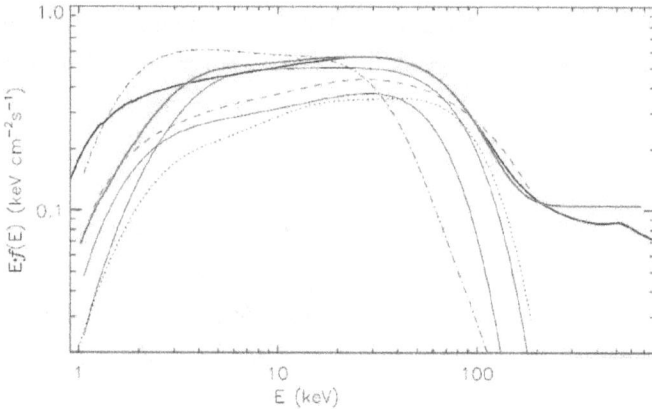

Figure 7.6 – Spectres large bande de GS 1826–24 extraits de différentes observations. Les deux spectres en trait plein ont été publiés par C10 et correspondent aux données de JEM-X et IBIS/ISGRI ; le spectre en tirets a été obtenu par RXTE (Barret et al., 2000), le spectre en points-tirets correspond à des mesures de *Chandra*+RXTE (Thompson et al., 2005) et le spectre poin-tillée retrace les mesures d'une observation de BeppoSAX (in't Zand et al., 1999). Le spectre mesuré par SPI présenté ici est indiqué par les traits rouge et bleu ; ces tracés correspondent res-pectivement à un modèle de Comptonisation thermique *comptt* auquel nous avons rajouté une loi de puissance pour décrire l'émission >150 keV et à un modèle de Comptonisation purement non-thermique qui prend en compte les effets du champ magnétique (ICM-2, voir Chapitre 6 pour plus de détails relatifs à ce modèle).

représentative. Par conséquent, nous suggérons que le spectre moyen de la Figure 7.5 représente la distribution typique des photons à haute énergie émis par un flot d'accrétion stable sur une étoile à neutrons, dont la luminosité est de l'ordre de quelques pourcents de la luminosité d'Eddington. L'analyse de ce spectre a révélé un excès significatif par rapport aux modèles couramment utilisés pour décrire l'émission >20 keV des systèmes à étoiles à neutrons. En effet, une loi de puissance à coupure exponentielle ainsi qu'un modèle de Comptonisation thermique fournissent des descriptions insuffisantes de la partie la plus énergétique (E > 200 keV) de l'émission de la source. Pour rendre compte de l'excès observé, il est nécessaire de rajouter une composante additionnelle, bien décrite par un modèle en loi de puissance. La Figure 7.7 compare la forme du spectre moyen mesuré par SPI (représentée par les modèles *comptt* & *powerlaw* et ICM-2) à celles obtenus par différentes observations dans le passé.

Alors qu'un modèle de Comptonisation thermique peut être exclu par la forme spectrale à haute énergie, l'émission >20 keV de la source est compatible avec un modèle qui suppose que le chauffage du milieu s'effectue de manière purement non-thermique. Comme pour l'état dur lumineux de GX 339–4, nous avons montré que les données peuvent être expliquées par un processus SSC, sans nécessairement supposer la présence d'une composante thermique issue du disque d'accrétion. Le continuum à haute énergie, qui dans le cas de GS 1826–24 est extraordinairement stable, peut donc être produit par les mêmes mécanismes que ceux évoqués pour expliquer les états durs dans les systèmes à trou noir.

Nous avons comparé nos résultats à ceux obtenus par Bouchet et al. (2008) et Petry et al. (2009). Ces auteurs ont utilisé approximativement les mêmes données mais des méthodes de traitement différentes. L'accord entre les différentes approches est satisfaisant, ce qui implique que les résultats sont robustes ; en particulier, ceci indique que la présence d'une queue à haute énergie dans le spectre moyen n'est pas un artefact dû à un traitement inadapté. Dans le cadre d'une description par une loi de puissance à coupure exponentielle, le besoin d'ajouter une deuxième composante est quelque peu plus fort dans notre analyse que dans celle de Petry et al. (2009), avec une probabilité de $P_{ftest} = 5 \times 10^{-4}$ contre $P_{ftest} = 2 \times 10^{-3}$. Alors que Petry et al. (2009) ont conclu que le niveau de preuve pour la présence d'une queue à haute énergie était assez faible, nous proposons ici une interprétation plus forte. En effet, en expliquant le spectre par un processus de Comptonisation thermique, nous évaluons une probabilité de seulement $P_{ftest} = 3 \times 10^{-6}$ que le modèle soit suffisant pour décrire les données. Dans le cadre du scénario classique de Comptonisation par une couronne chaude, il semble donc indispensable d'ajouter une deuxième composante pour expliquer correctement le flux observé au-dessus de 150 keV.

Par ses propriétés à haute énergie, le spectre moyen de GS 1826–24 ressemble donc aux spectres de GRS 1915+105 et GX 339–4 étudiés dans les chapitres précédents (cf. Chapitres 5 et 6). Alors que la présence d'une queue à haute énergie (>200 keV) a clairement été mise en évidence dans le spectre de plusieurs systèmes à trou noir, le spectre moyen de GS 1826–24 présenté ici constitue la première mise en évidence d'une telle composante dans un système à étoile à neutrons. Même si d'autres interprétations existent, une telle caractéristique est généralement associée à la présence de particules non-thermiques, accélérées par chocs ou reconnexion magnétique (cf. Chapitre 6 pour une interprétation physique cohérente). Nos résultats montrent donc que la présence d'une queue à haute énergie ne permet pas de discriminer la nature de l'objet compact. En revanche, il pourrait s'agir plutôt d'une caractéristique générale des flots d'accrétion, qui serait toutefois souvent trop faible pour être détectée. Cet aspect sera davantage développé dans le chapitre suivant.

8. Synthèse et discussion

Ce dernier chapitre fait office de bilan. On commence par un rappel du paradigme standard évoqué pour expliquer les différents états spectraux, puis seront résumés les principaux résultats présentés dans les chapitres précédents, en insistant sur les propriétés à haute énergie des sources étudiées. Dans la partie finale, nous développons une synthèse de l'étude présentée et discutons les interprétations physiques de l'émission haute énergie des binaires X.

8.1 Bref rappel sur les états spectraux

L'interprétation usuelle de l'émission au-dessus de 20 keV observée lors des différents états spectraux se résume comme suit :

❖ Etat dur : spectre dur ($\Gamma < 2,0$) à coupure quasi-exponentielle − Comptonisation thermique dans un milieu chaud et optiquement mince.

❖ Etat intermédiaire et état très intense : spectre mou ($\Gamma > 2,5$) sans coupure détectable − Comptonisation thermique & non-thermique dans un (ou plusieurs) milieu(x) optiquement épais, refroidi(s) par une forte émission corps noir issue du disque d'accrétion.

❖ Etat mou : spectre de pente moyenne ($2,0 < \Gamma < 2,5$) sans coupure détectable − Comptonisation non-thermique dans des régions actives aux abords du disque d'accrétion.

Grâce aux performances de l'instrument SPI et au traitement méticuleux des données enregistrées, nous avons obtenu des mesures précises de l'émission haute énergie de trois sources différentes. Les spectres qui ont été analysés dans ce recueil recouvrent deux états spectraux, à savoir l'état très intense (GRS 1915+105) et l'état dur (GX 339–4 et GS 1826–24). L'étude de la partie la plus énergétique du rayonnement a apporté de nouvelles informations sur les processus d'émission ; il est donc intéressant d'évaluer comment celles-ci peuvent compléter voire remettre en cause le paradigme standard rappelé à l'instant.

En raison du faible flux des sources ayant été observées dans l'état mou (depuis le lancement d'INTEGRAL), les mesures de SPI n'ont pas permis d'apporter de nouvelles contraintes pour cet état spectral. Par conséquent, le spectre typique des états mous n'a pas été analysé ici ; à cet égard, notre discussion s'appuiera donc sur les résultats d'OSSE (Gierlinski et al., 1999), de COMPTEL (McConnell et al., 2002) et d'IBIS/ISGRI (Del Santo et al., 2008).

8.2 Résumé des résultats

GRS 1915+105

Nous avons utilisé ~2 Msec de données (entre septembre 2004 et mai 2006) pour étudier la variabilité spectro-temporelle du *microquasar* GRS 1915+105. Sur une échelle de temps d'un jour, le spectre entre 20 – 200 keV est variable mais montre une pente toujours très molle, avec un indice de photon compris entre 2,7 et 3,5. A plus haute énergie, nous n'observons pas de coupure ; la source est systématiquement détectée jusqu'à une énergie de 500 keV. Toutefois, une simple loi de puissance n'est pas capable d'expliquer le spectre, en raison de sa courbure prononcée.

Nous avons analysé deux spectres moyens, chacun présentant une forme typique. Entre 20 – 100 keV, le premier exhibe une pente très molle ($\Gamma \simeq 3,4$) et le deuxième une pente un peu plus dure ($\Gamma \simeq 2,9$), tandis qu'au-dessus de 100 keV les deux montrent un excès par rapport à un modèle de Comptonisation thermique. Notre analyse suggère que la coupure thermique du spectre est masquée par la présence d'une composante spectrale supplémentaire, potentiellement d'origine non-thermique. La transition entre les deux spectres étudiés peut s'expliquer par une variation d'un facteur deux de la luminosité de la composante thermique (accompagnée par une augmentation de la température des électrons et/ou de la profondeur optique du plasma) alors que la composante additionnelle à haute énergie demeure stable. Ce résultat indique que l'évolution des deux composantes n'est pas nécessairement liée. De plus, la comparaison des mesures en rayons X

(1,2 – 12 keV) et à haute énergie (>20 keV) a révélé qu'il n'y a pas de lien direct entre les classes de variabilité et l'émission haute énergie de GRS 1915+105.

GX 339–4

Nous avons étudié le comportement spectro-temporel à haute énergie lors d'un état dur lumineux de GX 339–4. En tant que résultat principal, nous rapportons la variabilité du spectre au-dessus de 150 keV, avec l'apparition/disparition d'un excès significatif par rapport à la forme standard (en loi de puissance à coupure exponentielle) de l'état dur. Le flux de la source étant élevé, nous avons pu étudier le phénomène sur de courtes échelles de temps. Nous avons montré que l'intensité de l'excès est corrélée avec la luminosité totale en X et que le flux au-delà de 150 keV subit des variations significatives sur une échelle de temps inférieure à 7 heures.

En combinant les données de SPI avec des mesures simultanées du spectre à basse énergie, nous avons étudié la variabilité spectrale à l'aide de plusieurs modèles physiques. Un scénario basé sur le chauffage purement thermique de la couronne peut être exclu car il ne permet pas de reproduire la variabilité à haute énergie. En revanche, une modélisation qui suppose un chauffage purement non-thermique fournit des prédictions qui sont en accord avec les données. Nous avons montré qu'un milieu magnétisé constitue le cadre d'une interprétation physique-ment cohérente des observations, la variabilité du spectre pouvant alors être expliquée par la variation du champ magnétique moyen du plasma (d'un facteur $\leq$ 3). Ceci montre que l'état dur peut être interprété à partir des mêmes ingrédients que l'état mou, et que de facto l'émission haute énergie des objets compacts peut provenir d'un phénomène physique commun, indépendant de l'état spectral.

GS 1826–24

GS 1826–24 est un système à étoile à neutrons dont le flot d'accrétion est extraordinairement stable, comme en témoignent les courbes de lumière en X et en X-dur. La source est caractérisée par des sursauts réguliers du flux à basse énergie, causés par des explosions thermonucléaires de la matière accumulée à la surface solide de l'étoile. A haute énergie (>20 keV), le flux moyen n'est pas affecté par ces épisodes de très courte durée et peut donc être associé à l'émission persistante du flot d'accrétion. A long terme, cette dernière montre une légère évolution monotone ; sur 5 ans, nous estimons une augmentation de près de 40 % du flux moyen par jour >20 keV. En revanche, nous ne mesurons pas d'évolution spectrale sur une échelle de temps de ~ 1 jour, l'indice de photon étant toujours compatible avec $\Gamma = 2,5 \pm 0,2$.

Nous avons sommé toutes les données pour étudier le spectre moyen total, qui s'étend au-delà de 500 keV. Ce dernier montre un excès significatif à haute énergie par rapport à une loi de puissance à coupure exponentielle, ce qui suggère la présence d'une composante d'émission additionnelle au-dessus de 150 keV. Notre étude établit donc que cette caractéristique n'est pas uniquement associée aux systèmes à trou noir. Nous avons ajusté le spectre moyen avec plusieurs modèles physiques et montré qu'un milieu magnétisé (alimenté par chauffage non-thermique) permet une interprétation cohérente de l'émission observée.

8.3 Synthèse

8.3.1 Comparaison

Dans un premier temps, il est intéressant de comparer les formes spectrales étudiées dans ce livre. Pour illustrer et quantifier les similitudes entre les différentes sources, nous nous basons sur les paramètres d'un modèle semi-phénoménologique, i.e. nous comparons les résultats obtenus avec un modèle qui combine une loi de Comptonisation thermique avec une loi de puissance à haute énergie. Nous avons fixé la température des photons cibles à $kT_{bb} = 1,0$ keV et l'indice de la loi de puissance à $\Gamma = 2,0$. Aussi, nous supposons que la couronne présente une géométrie en forme de couche rectiligne[25]. Les paramètres qui décrivent au mieux les observations sont résumés dans le Tableau 8.1.

La principale conclusion que nous en tirons est que les paramètres du spectre de l'*échantillon dur* de GRS 1915+105, du spectre *avec excès* de GX 339–4 et du spectre moyen total de GS 1826–24 sont similaires. En particulier, les températures (ajustées) de la composante thermique sont compatibles entre elles pour les trois sources, tandis que la profondeur optique est légèrement moins importante pour

---

[25] On note qu'une géométrie sphérique produit la même forme spectrale mais avec une profondeur optique plus élevée.

Source	Spectrum	Exp time (ks)	E_{cross} (keV)	kT_e (keV)	τ	χ^2/ν	P_{FTEST}
GX 339–4	*luminous hard*	36	80	$15.6^{+2.6}_{-1.9}$	$2.79^{+0.70}_{-0.56}$	27/26	4×10^{-6}
GRS 1915+105	*average hard*	395	100	$17.5^{+6.2}_{-3.2}$	$1.30^{+0.38}_{-0.42}$	20/25	8×10^{-4}
GS 1826–24	*total average*	8796	110	$17.2^{+1.5}_{-1.2}$	$2.08^{+0.21}_{-0.20}$	29/29	3×10^{-6}

Tableau 8.1 – Comparaison des paramètres obtenus pour les différentes sources avec le modèle *comptt* & *powerlaw*. E_{cross} représente l'énergie où les deux composantes se coupent et P_{FTEST} désigne la probabilité *ftest* que l'amélioration de l'ajustement par rapport à une simple loi de Comptonisation thermique soit obtenue par hasard.

GRS 1915+105 que pour les autres. Nous rappelons cependant que ce modèle n'est pas auto-cohérent ; les valeurs obtenues sont caractéristiques de la forme spectrale observée mais ne peuvent pas être interprétées de manière physiquement pertinente.

8.3.2 Origines physiques de l'émission

Les spectres des trois sources que nous avons étudiées présentent de claires indications de la présence d'une composante d'émission qui commence à dominer le spectre au-delà de 100 – 150 keV et qui s'étend sans coupure jusqu'à plus de 500 keV. Cette composante est bien décrite par une loi de puissance d'indice de photon $\Gamma \simeq 2{,}0$ et s'ajoute à une composante spectrale à plus basse énergie, reconnue comme étant due à un processus de Comptonisation thermique. Ce résultat observationnel est compatible avec plusieurs scénarios, qui méritent d'être discutés plus en détail à la lumière de l'analyse effectuée.

Le premier scénario qui est compatible avec les observations de SPI est basé sur un chauffage purement thermique des électrons. En effet, deux milieux de Comptonisation thermique, indépendants, géométriquement distincts et de température différente sont capables d'expliquer l'émission observée au-dessus de 20 keV. La variabilité spectrale mise en évidence pour GRS 1915+105 et GX 339–4 est en accord avec une telle interprétation, puisque les deux sources montrent que la composante à haute énergie peut évoluer de manière indépendante de la première Comptonisation thermique (i.e. la composante < 150 keV). En revanche, d'un point de vue théorique, un tel scénario semble peu naturel. En effet, une situation à deux « couronnes » nécessite l'identification d'un mécanisme capable d'expliquer la formation d'une telle géométrie, alors que les modèles actuels peinent déjà à expliquer la formation d'une couronne simple. Alternativement, les observations présentées dans ce livre sont compatibles avec une couronne qui présente un gradient de température. Une telle situation pourrait s'expliquer par un chauffage Coulomb du milieu (i.e. un processus thermique) accompagné d'un refroidissement non-homogène en raison d'un recouvrement partiel du disque d'accrétion. Toutefois, un scénario de chauffage purement thermique n'est pas compatible avec le spectre à haute énergie des états mous, caractérisé par une seule composante spectrale (distribuée en loi de puissance au-dessus de ~20 keV) qui peut s'étendre sans coupure jusqu'au-delà du MeV (e.g. McConnell et al., 2002).

Le deuxième scénario capable d'expliquer nos résultats s'appuie sur un processus non-thermique pour produire la composante spectrale au-dessus de 150 keV. Dans ce cas, électrons thermiques et non-thermiques cohabitent au niveau de la source. Nos résultats n'excluent pas que les deux populations soient indépendantes, mais des milieux géométriquement dissociés et alimentés par des mécanismes de chauffage différents compliquent considérablement les modèles, sans que cette hypothèse ne soit nécessaire. En effet, nous avons montré qu'un processus de Comptonisation hybride, i.e. basé sur une population co-spatiale à la fois thermique et non-thermique, permet d'expliquer les spectres >20 keV des trois sources analysées ici. De plus, un tel scénario est compatible avec les spectres caractéristiques de tous les états spectraux lumineux, y compris l'état mou. Dans la suite de la discussion, nous allons donc nous concentrer sur ce scénario, qui nous semble le plus cohérent.

Dans le cadre d'une population électronique hybride, une question centrale consiste à comprendre comment l'énergie d'accrétion est transformée en énergie cinétique des particules. Usuellement, des mécanismes de nature différente sont invoqués pour expliquer le chauffage des électrons dans les différents états spectraux : majoritairement thermique pour les états durs, majoritairement non-thermique pour les états mous, et un mélange à proportion plus ou moins égale pour les états très intenses et intermédiaires. Or, en prenant en compte les effets du champ magnétique, nous avons montré que le paradigme standard peut être simplifié. En effet, il est possible que le chauffage des électrons soit universellement dominé par des processus non-thermiques, i.e. par reconnexions magnétiques, accélération par chocs ou éventuellement par des décroissances de pions neutres produits par interactions proton-proton. La thermalisation de la distribution électronique s'effectue ensuite de manière naturelle, la proportion des particules thermalisées étant déterminée par la densité d'énergie magnétique, la profondeur optique du plasma ou encore par l'intensité de la composante corps noir du disque d'accrétion. Alors que ce scénario explique naturellement les états mous et intermédiaires, nous avons montré que le spectre typique des états durs peut *lui-aussi* être expliqué par ce même scénario, malgré la coupure quasi-exponentielle à haute énergie.

8.3.3 Vers l'identification des processus d'émission haute énergie dans les systèmes accrétants

Des composantes d'émission énergétiques distribuées en loi de puissance (appelées *hard tails* en anglais) ont déjà été observées dans les spectres des systèmes à étoile à neutrons. Or, contrairement aux systèmes à trou noir, elles apparaissent à des énergies plus basses. En effet, de manière générale, la composante en loi de puissance des étoiles à neutrons commence à dominer le spectre au-delà de ~30 keV et se juxtapose à une composante corps noir Comptonisé qui caractérise le spectre à basse énergie (i.e. < 20 keV). Une telle situation est rapportée par exemple pour GX 17+2 (Di Salvo et al., 2000), GX 349+2 (Di Salvo et al., 2001), 4U 1636–53 (Fiocchi et al., 2006), 4U 1705–44 (Piraino et al., 2007) et Sco X-1 (Sturner & Shrader, 2008). Pour toutes ces sources, la composante dure est détectée au maximum jusqu'à 200 keV.

Dans ce livre, nous rapportons la détection d'une queue à haute énergie dans le spectre moyen de GS 1826–24. Il est intéressant de noter les différences entre cette dernière et celle des systèmes mentionnés plus haut. D'abord, le fait que la composante haute énergie de GS 1826– 24 soit visible dans le spectre moyenné sur plus de 8 Msec de données suggère qu'elle fait systématiquement partie de l'émission de la source, contrairement aux autres systèmes où cette composante n'est observée que dans certains états particuliers[26]. Ensuite, la différence majeure réside dans le fait que la queue à haute énergie de GS 1826–24 est plus énergétique;

---

[26] Notons cependant que Sco X-1 semble aussi exhiber une composante dure persistante (Sturner & Shrader, 2008).

elle domine le spectre à partir de 150 keV et s'étend sans coupure jusqu'à plus de 500 keV.

Alors qu'une composante en loi de puissance de pente $\Gamma \simeq 2.0$ entre $30 - 200$ keV reste compatible avec un processus de Comptonisation thermique, il est beaucoup plus difficile d'accommoder ce modèle avec la queue à haute énergie de GS 1826–24. En effet, pour reproduire le spectre observé, il faut supposer un plasma dont la température d'équilibre soit de l'ordre de 500 keV, ce qui paraît impossible à atteindre avec un chauffage purement thermique. Par conséquent, les données SPI analysées ici révèlent pour la première fois qu'un processus de chauffage non-thermique semble indispensable pour produire l'émission haute énergie d'un système contenant une étoile à neutrons. Nos résultats montrent donc que ce phénomène, dont la nécessité pour expliquer les spectres de certains systèmes à trou noir est reconnue depuis les observations à haute énergie de Cygnus X-1 (Gierlinski et al., 1999; McConnell et al., 2002), est un ingrédient qui pourrait être présent dans tous les objets compacts accrétants, tout en s'avérant suffisant pour expliquer l'ensemble de leur émission au-dessus de 20 keV.

8.3.4 Influence des paramètres physiques

Sous l'hypothèse d'une couronne alimentée par chauffage non-thermique, il est intéressant de discuter l'influence des principaux paramètres physiques du milieu sur l'émission à haute énergie.

Le taux d'accrétion

Le taux d'accrétion détermine l'alimentation énergétique des composantes d'émission. En fonction de l'état spectral, on estime que la majeure partie de la puissance gravitationnelle est dissipée soit dans le disque (état mou), soit dans la couronne (état dur), soit à proportion égale dans les deux (états intermédiaire et état très intense). Lors d'une transition typique entre l'état dur et l'état mou, le taux d'accrétion reste approximativement constant tandis que l'alimentation de la couronne est réduite en faveur de celle du disque. Les transitions pouvant se produire pour différentes valeurs du taux d'accrétion (phénomène appelé *hysteresis*; Miyamoto et al. 1995; Belloni et al. 2006), il semble que ce dernier n'ait pas d'influence directe sur les propriétés de l'émission haute énergie des sources. En revanche, un changement de la géométrie du flot d'accrétion peut expliquer l'évolution observée (Done et al., 2007), mais le moteur physique sous-jacent demeure mystérieux (Dunn et al., 2010).

Le champ magnétique

A taux d'accrétion constant (i.e. à densité de rayonnement constante), l'intensité du champ magnétique a une forte influence sur la forme du spectre à haute énergie. Plus le milieu est magnétisé, plus les pertes par synchrotron sont importantes, si bien qu'il arrive un moment où l'accélération non-thermique et le refroidissement synchrotron s'équilibrent. Un champ magnétique très fort produit donc naturellement une coupure quasi-exponentielle du spectre à haute énergie. L'intensité du champ a aussi un effet sur la forme spectrale à basse énergie (< 100 keV), puisque la vitesse de thermalisation des électrons dépend directement de l'importance du processus d'auto-absorption synchrotron, déterminée par la densité d'énergie magnétique de la couronne. Enfin, la présence d'un champ magnétique est nécessaire pour transférer l'énergie d'accrétion hors du plan du disque et accélérer les électrons dans la couronne. A ce jour, cet effet n'est toutefois pas intégré aux modèles radiatifs les plus complets, défi qu'il sera important de relever afin de mieux comprendre non seulement les interactions entre chauffage et refroidissement des régions internes du flot mais aussi les liens entre accrétion et éjection de matière.

La composante du disque

Pour une couronne dont l'alimentation énergétique est constante, l'intensité de la composante du disque a une influence déterminante sur la pente du spectre entre 10 – 100 keV. Plus le flux du disque est fort, plus l'énergie moyenne des électrons de la couronne est faible à cause du refroidissement Compton, ce qui provoque un amollissement du spectre. Parallèlement, le nombre de photons primaires (i.e. les photons n'ayant subi aucune diffusion Compton) augmente, ce qui se manifeste par l'intensification de la composante distribuée sous forme de corps noir dans le spectre à basse énergie (< 10 keV). Lorsque la densité énergétique du rayonnement du disque dépasse celle de la couronne de plus d'un facteur 3, la thermalisation des particules (par interactions Coulomb et auto-absorption synchrotron) est plus lente que le refroidissement Compton, si bien que la forme du spectre à haute énergie traduit celle de la distribution des particules accélérées. Dans le cadre du scénario discuté ici, l'intensité du flux du disque est le paramètre principal qui rythme la transition spectrale entre l'état dur et l'état mou.

La profondeur optique

L'opacité du milieu de Comptonisation a une influence déterminante sur l'efficacité de la thermalisation des particules. Plus le milieu est optiquement épais, plus les particules thermalisent rapidement ; l'énergie moyenne par particule devient plus faible et le spectre en photons mollit. L'opacification du plasma, couplée à une augmentation du taux d'accrétion et éventuellement accompagnée d'une légère hausse de l'intensité de l'émission du disque, explique naturellement l'évolution spectrale observée lors des phases croissantes des sursauts des sources transitoires[27]. En effet, les observations montrent une augmentation graduelle de la luminosité de la source au fur et à mesure que l'énergie du pic spectral, directement liée à la température d'équilibre du milieu, diminue typiquement de 100 keV à 40 keV, voire davantage lorsque la source intègre l'état très intense.

Le spectre d'injection

Le spectre d'injection dépend des mécanismes d'accélération impliqués. Toutefois, la majeure partie des processus non-thermiques produit un spectre électronique en loi de puissance d'indice compris entre $\Gamma_e \simeq 2,0 - 3,0$. Pour les états durs étudiés ici et les états très intenses en général, ce paramètre détermine principalement la pente de la queue à haute énergie du spectre des photons. En effet, à condition que ni le champ magnétique ni l'opacité du milieu ne soient trop forts, la thermalisation des particules est partielle et l'on retrouve l'empreinte de la partie non-thermique de la population dans le spectre d'émission à haute énergie (i.e. au-delà de la Comptonisation thermique). Pour les états mous, en revanche, la thermalisation est négligeable et la pente de la distribution électronique détermine directement l'indice de photon du spectre au-delà de la composante corps noir du disque (i.e. >10 keV). Les observations sont en accord avec les prédictions théoriques, puisque les états mous exhibent une pente typique de $\Gamma \simeq 2,2$ et un spectre dépourvu de courbure (Done et al., 2007).

---

[27] Rappelons que l'état spectral lors de ces phases croissantes correspond à l'état dur.

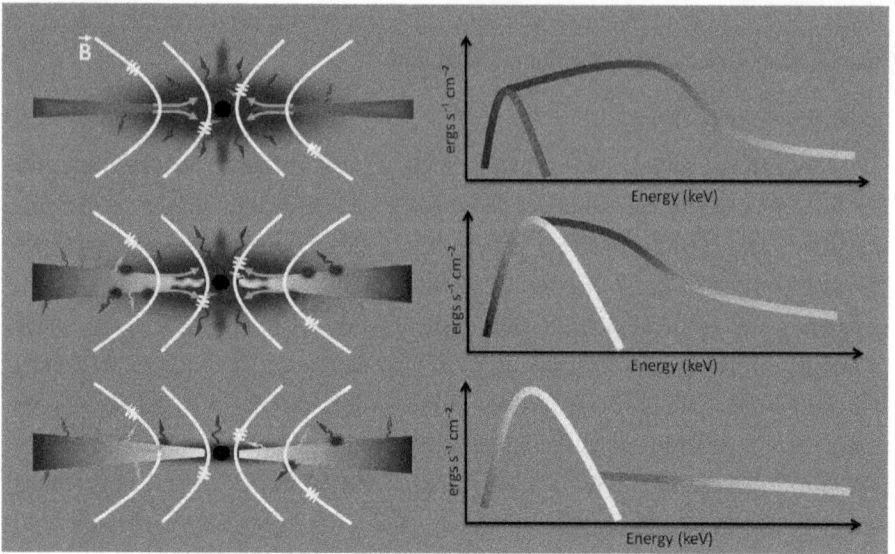

Figure 7.2 – Représentation schématique de la géométrie potentielle du flot d'accrétion (dans le cadre des modèles de type ICM) et du spectre typique associé pour chacun des différents états spectraux lumineux (état dur en haut, état très haut au milieu et état mou en bas).

8.3.5 Les états spectraux revisités

Compte tenu de l'analyse présentée, nous proposons une interprétation basée sur un chauffage essentiellement non-thermique d'une couronne magnétisée (cf. Figure 8.1). Dans ces conditions, l'émission haute énergie des états spectraux lumineux peut être expliquée de la manière suivante :

❖ Etat dur lumineux : spectre dur ($\Gamma < 2,0$) à courbure thermique avec une queue à haute énergie – taux d'accrétion moyen, champ magnétique fort, chauffage de la couronne fort, émission du disque faible, opacité moyenne.

❖ Etat très intense : spectre mou ($\Gamma > 2,5$) sans coupure détectable avec un durcissement de la pente à haute énergie – taux d'accrétion fort voire très fort, champ magnétique moyen, chauffage de la couronne fort, émission du disque forte, opacité forte.

❖ Etat mou : spectre de pente moyenne ($2,0 < \Gamma < 2,5$) sans coupure détectable – taux d'accrétion fort, champ magnétique faible, chauffage de la couronne faible, émission du disque forte, opacité moyenne.

In fine, alors que plusieurs observations indiquent la nécessité d'un processus non-thermique pour expliquer la partie la plus énergétique du spectre, nous avons montré qu'en prenant en compte les paramètres physiques de manière auto-cohérente, un tel processus peut s'avérer suffisant pour expliquer le continuum >20 keV de tous les états spectraux lumineux.

9. Conclusions et perspectives

Conclusions

Nous avons présenté une étude spectrale et temporelle de l'émission haute énergie des objets compacts. Cette étude s'appuie sur les données issues du spectromètre SPI, l'instrument le plus performant à ce jour pour sonder les rayonnements au-delà de 200 keV. Nous avons développé une chaîne d'analyse spécifique et testé plusieurs méthodes d'extraction de flux afin d'optimiser la qualité des mesures. Un traitement méticuleux des données est en effet crucial puisque le flux à haute énergie des sources considérées est faible, tandis que le bruit de fond instrumental est important et complexe.

La pierre angulaire de cette publication est la détection et l'étude de la composante d'émission située au-delà de la première Comptonisation thermique (>150 keV) dans le spectre de différents objets compacts accrétants. Grâce à des temps d'accumulation suffisamment longs, nous avons pu mesurer l'importance, la variabilité et les corrélations avec d'autres observables de cette composante énergétique dans trois sources brillantes. En particulier, les données SPI ont permis d'établir qu'une telle composante n'est pas exclusivement observée dans les systèmes à trou noir, mais peut aussi être produite par une étoile à neutrons accrétante. Les trois systèmes étudiés ayant par ailleurs des comportements spectro-temporels différents, la présence commune d'une queue à haute énergie suggère que cette caractéristique fait partie des propriétés fondamentales des flots d'accrétion. Toutefois, cette composante demeure souvent indétectable en raison d'un flux souvent trop faible par rapport aux sensibilités des instruments.

Au regard des résultats de l'analyse présentée, nous proposons un scénario qui explique le rayonnement au-delà de 20 keV de manière physiquement cohérente.

Dans ce scénario, où le champ magnétique joue un rôle essentiel, les électrons des régions internes sont accélérés par un processus non-thermique, se thermalisent par des collisions Coulomb et par la réabsorption du rayonnement synchrotron et sont refroidis par des diffusions Compton et par les pertes synchrotron. Le taux d'accrétion détermine l'àlimentation énergétique totale du flot d'accrétion, mais la simple variation de ce paramètre ne suffit pas pour expliquer la variabilité du spectre à haute énergie. Les paramètres qui régulent l'efficacité des différents processus physiques mentionnés ci-dessus (et qui déterminent donc la forme du spectre à haute énergie) sont l'intensité du champ magnétique, la profondeur optique du plasma, la distribution spectrale des électrons produite par les mécanismes d'accélération et le flux de la composante corps noir émise par le disque d'accrétion. Typiquement, un fort flux de photons mous produit des spectres en loi de puissance à pente molle, puisque les électrons perdent leur énergie par refroidissement Compton avant d'atteindre l'équilibre thermodynamique. Un flux extérieur faible et un champ magnétique fort permettent, en revanche, une thermalisation quasi-complète de la population électronique, qui produit ainsi des spectres durs et courbés, typiques d'un processus de Comptonisation thermique. Au-delà d'expliquer les données présentées dans ce recueil, le scénario proposé est qualitativement compatible avec tous les états spectraux lumineux (McClintock & Remillard, 2003) et fournit donc une explication unifiée des phénomènes observationnels à haute énergie.

Perspectives

Dans un premier temps, il sera important d'approfondir l'étude de GS 1826–24 présentée ici. La source montre un épisode (mars 2004, cf. Section 7.3.2) où son émission dévie fortement du niveau stable habituel. Comprendre l'origine de ce phénomène est intéressant et pourra donner des indications précises sur les limites de stabilité du flot d'accrétion.

Ensuite, notre analyse n'inclut pas l'application des modèles ECM et ICM (calculés par les codes de Comptonisation auto-cohérents *eqpair* et *belm*) aux données sur GRS 1915+105. Cette analyse permettra d'explorer le scénario proposé à la Section 8.3 dans le cas des flots d'accrétion dont la luminosité est voisine de la limite d'Eddington.

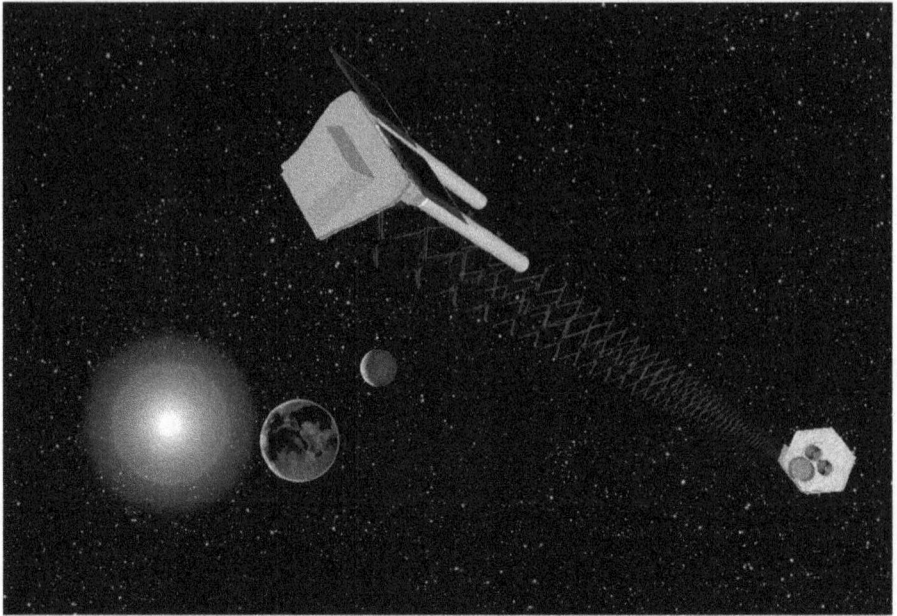

Figure 9.1 – Vue d'artiste de la mission *PheniX*, proposée par le CESR, qui utilisera des miroirs avec un revêtement multicouche à base de Co/C et un mât déployable de 40 m pour permettre la focalisation des photons jusqu'à 200 keV. Crédits : Thèse de M.Chauvin.

Dans un deuxième temps, il est important de tirer profit de l'archive des données INTEGRAL pour généraliser et approfondir nos résultats. En effet, d'autres sources sont susceptibles d'exhiber une composante à haute énergie similaire à celle étudiée ici, dont l'analyse permettra d'améliorer notre compréhension du phénomène. Aussi, le scénario que nous avons proposé pour expliquer l'émission haute énergie des objets compacts nécessite d'être testé davantage. A cet effet, il faudra appliquer les modèles ECM et ICM à d'autres sources et/ou observations afin de recouvrir tous les états spectraux, y compris les moins lumineux. Pour maximiser les contraintes, il est nécessaire d'avoir des données simultanées à basse, situation qui de manière générale est difficile à réaliser puisque les échelles de temps d'intégration à haute énergie sont nécessairement plus longues. De plus, les mesures de SPI présentent une sensibilité au-dessus de 100 keV encore trop faible par rapport au flux de la plupart des sources. Par conséquent, pour atteindre une avancée majeure de la compréhension de l'émission haute énergie des objets compacts, il sera indispensable d'augmenter la sensibilité des télescopes X-dur/γ.

Plusieurs missions futures, comme notamment *PheniX* (cf. Figure 9.1) ou *Dual*[28] sont dédiées à cet objectif. Alors que la technique des miroirs à incidence rasante a prouvé son efficacité à basse énergie, de nouveaux revêtements des miroirs couplés à une augmentation de la distance focale seront capables de porter la réponse de cette technologie jusqu'à 200 keV. Au-delà, les télescopes Compton (tel l'instrument ASCI sur *Dual*) constituent une alternative aux instruments à masque codé, même si leurs performances sont optimisées pour l'étude des émissions diffuses en X-dur/γ. Pour atteindre un gain en sensibilité majeur, le concept de la lentille γ est très prometteur, mais le défi technologique reste considérable. De plus, ce type d'instrument dispose d'une couverture énergétique réduite et ne permet pas d'étudier le continuum sur une bande large. In fine, il est donc possible que les mesures au-dessus de 200 keV d'INTEGRAL restent les seules disponibles pour plusieurs années à venir.

---

[28] Mission proposée par le CESR/IRAP qui réunit un télescope Compton et une lentille γ.

Bibliographie

Abramowicz M. A., Chen X., Kato S., Lasota J., Regev O., 1995, ApJ, 438, L37

Anastasiadis A., Vlahos L., Georgoulis M. K., 1997, ApJ, 489, 367

Arnaud K. A., 1996, in G. H. Jacoby & J. Barnes ed., Astronomical Data Analysis Software and Systems V Vol. 101 of Astronomical Society of the Pacific Conference Series, XSPEC : The First Ten Years. pp 17–+

Aschenbach B., 1985, Reports on Progress in Physics, 48, 579 Baade W., Zwicky F., 1934, Physical Review, 46, 76

Barret D., McClintock J. E., Grindlay J. E., 1996, ApJ, 473, 963

Barret D., Olive J. F., Boirin L., Done C., Skinner G. K., Grindlay J. E., 2000, ApJ, 533, 329

Barret D., Vedrenne G., 1994, ApJS, 92, 505

Belloni T., Homan J., Casella P., van der Klis M., Nespoli E., Lewin W. H. G., Miller J. M., Méndez M., 2005, A&A, 440, 207

Belloni T., Klein-Wolt M., Méndez M., van der Klis M., van Paradijs J., 2000, A&A, 355, 271

Belloni T., Mendez M., King A. R., van der Klis M., van Paradijs J., 1997, ApJ, 488, L109+

Belloni T., Parolin I., Del Santo M., Homan J., Casella P., Fender R. P., Lewin W. H. G., Méndez M., Miller J. M., van der Klis M., 2006, MNRAS, 367, 1113

Belmont R., Malzac J., Marcowith A., 2008, A&A, 491, 617

Beloborodov A. M., 1999, ApJ, 510, L123

Bevington P. R., Robinson D. K., 1992, Data reduction and error analysis for the physical sciences

Bhattacharyya S., Bhatt N., Misra R., 2006, MNRAS, 371, 245

Blandford R. D., Begelman M. C., 1999, MNRAS, 303, L1

Bolton C. T., 1972, Nature, 235, 271

Bouchet L., Jourdain E., Roques J., Strong A., Diehl R., Lebrun F., Terrier R., 2008, ApJ, 679, 1315

Bouchet L., Mandrou P., Roques J. P., Vedrenne G., Cordier B., Goldwurm A., Lebrun F., Paul J., Sunyaev R., Churazov E., Gilfanov M., Pavlinsky M., Grebenev S., Babalyan G., Dekhanov I., Khavenson N., 1991, ApJ, 383, L45

Bowyer S., Byram E. T., Chubb T. A., Friedman H., 1965, Science, 147, 394

Braes L. L. E., Miley G. K., 1971, Nature, 232, 246

Brandt S., Lund N., Rao A. R., 1990, Advances in Space Research, 10, 239

Caballero-García M. D., Miller J. M., Trigo M. D., Kuulkers E., Fabian A. C., Mas-Hesse J. M., Steeghs D., van der Klis M., 2009, ApJ, 692, 1339

Calabro D., Wolf J. K., 1968, Inform. Control, 11, L537+

Cameron R. A., Grove J. E., Johnson W. N., Kroeger R. A., Kurfess J. D., Strickman M. S., Jung

G. V., Grabelsky D. A., Purcell W. R., Ulmer M. P., 1992, in Bulletin of the American Astronomical Society Vol. 24 of Bulletin of the American Astronomical Society, OSSE Spectral Measurements of GRO J0422+32. pp 1237–+

Castro-Tirado A. J., Brandt S., Lund N., 1992, IAU Circ., 5590, 2

Chen X., Swank J. H., Taam R. E., 1997, ApJ, 477, L41+

Cocchi M., Farinelli R., Paizis A., Titarchuk L., 2010, A&A, 509, A2+

Coppi P. S., 1992, MNRAS, 258, 657

Coppi P. S., 1999, in J. Poutanen & R. Svensson ed., High Energy Processes in Accreting Black Holes Vol. 161 of Astronomical Society of the Pacific Conference Series, The Physics of Hybrid Thermal/Non-Thermal Plasmas. pp 375–+

Courvoisier T., Walter R., Beckmann V., Dean A. J., Dubath P., Hudec R., Kretschmar P., Mereghetti S., Montmerle T., Mowlavi N., Paltani S., 2003, A&A, 411, L53

Cowley A. P., Schmidtke P. C., Hutchings J. B., Crampton D., 2002, AJ, 123, 1741

Dauphin C., Vilmer N., Anastasiadis A., 2007, A&A, 468, 273

Del Santo M., Malzac J., Jourdain E., Belloni T., Ubertini P., 2008, MNRAS, 390, 227

Dermer C. D., Miller J. A., Li H., 1996, ApJ, 456, 106

Di Salvo T., Robba N. R., Iaria R., Stella L., Burderi L., Israel G. L., 2001, ApJ, 554, 49

Di Salvo T., Stella L., Robba N. R., van der Klis M., Burderi L., Israel G. L., Homan J., Campana S., Frontera F., Parmar A. N., 2000, ApJ, 544, L119

Dicke R. H., 1968, ApJ, 153, L101+

Done C., Gierlinski M., Kubota A., 2007, A&A Rev., 15, 1

Done C., Kubota A., 2006, MNRAS, 371, 1216

Done C., Wardzinski G., Gierlinski M., 2004, MNRAS, 349, 393

Droulans R., Belmont R., Malzac J., Jourdain E., 2010, ApJ, 717, 1022

Droulans R., Jourdain E., 2009, A&A, 494, 229

Dubus G., Lasota J., Hameury J., Charles P., 1999, MNRAS, 303, 139

Dunn R. J. H., Fender R. P., Körding E. G., Belloni T., Cabanac C., 2010, MNRAS, 403, 61

Esin A. A., McClintock J. E., Narayan R., 1997, ApJ, 489, 865

Fabian A. C., Rees M. J., Stella L., White N. E., 1989, MNRAS, 238, 729

Falcke H., Körding E., Markoff S., 2004, A&A, 414, 895

Fender R., Belloni T., 2004, ARA&A, 42, 317

Fender R., Corbel S., Tzioumis T., McIntyre V., Campbell-Wilson D., Nowak M., Sood R., Hunstead R., Harmon A., Durouchoux P., Heindl W., 1999, ApJ, 519, L165

Fenimore E. E., Cannon T. M., 1978, Appl. Opt., 17, 337

Ferguson C., Barlow E. J., Bird A. J., Dean A. J., Hill A. B., Shaw S. E., Stephen J. B., Sturner S., Tikkanen T. V., Weidenspointner G., Willis D. R., 2003, A&A, 411, L19

Ferreira J., Petrucci P., Henri G., Saugé L., Pelletier G., 2006, A&A, 447, 813

Fiocchi M., Bazzano A., Ubertini P., Jean P., 2006, ApJ, 651, 416

Fishman G. J., Meegan C. A., Wilson R. B., Brock M. N., Horack J. M., Kouveliotou C., Howard S., Paciesas W. S., Briggs M. S., Pendleton G. N., Koshut T. M., Mallozzi R. S., Stollberg M., Lestrade J. P., 1994, ApJS, 92, 229

Galeev A. A., Rosner R., Vaiana G. S., 1979, ApJ, 229, 318

Galloway D. K., Cumming A., Kuulkers E., Bildsten L., Chakrabarty D., Rothschild R. E., 2004, ApJ, 601, 466

Galloway D. K., Muno M. P., Hartman J. M., Psaltis D., Chakrabarty D., 2008, ApJS, 179, 360

Gehrels N., Chipman E., Kniffen D. A., 1993, A&AS, 97, 5

George I. M., Fabian A. C., 1991, MNRAS, 249, 352

Giacconi R., Gursky H., Paolini F. R., Rossi B. B., 1962, Physical Review Letters, 9, 439

Giacconi R., Kellogg E., Gorenstein P., Gursky H., Tananbaum H., 1971, ApJ, 165, L27+

Gierlinski M., Zdziarski A. A., 2005, MNRAS, 363, 1349

Gierlinski M., Zdziarski A. A., Done C., Johnson W. N., Ebisawa K., Ueda Y., Haardt F., Phlips B. F., 1997, MNRAS, 288, 958

Gierlinski M., Zdziarski A. A., Poutanen J., Coppi P. S., Ebisawa K., Johnson W. N., 1999, MNRAS, 309, 496

Goldwurm A., Ballet J., Cordier B., Paul J., Bouchet L., Roques J. P., Barret D., Mandrou P., Sunyaev R., Churazov E., Gilfanov M., Dyachkov A., Khavenson N., Kovtunenko V., Kremnev R., Sukhanov K., 1992, ApJ, 389, L79

Grebenev S. A., Syunyaev R. A., Pavlinskii M. N., Dekhanov I. A., 1991, Soviet Astronomy Letters, 17, 413

Greiner J., Cuby J. G., McCaughrean M. J., 2001, Nature, 414, 522

Greiner J., Cuby J. G., McCaughrean M. J., Castro-Tirado A. J., Mennickent R. E., 2001, A&A, 373, L37

Grove J. E., 1999, in J. Poutanen & R. Svensson ed., High Energy Processes in Accreting Black Holes Vol. 161 of Astronomical Society of the Pacific Conference Series, Gamma-Ray Observations of Galactic Black Hole Candidates. pp 54–+

Grove J. E., Johnson W. N., Kroeger R. A., McNaron-Brown K., Skibo J. G., Phlips B. F., 1998, ApJ, 500, 899

Hammersley A. P., Skinner G. K., 1984, Nuclear Instruments and Methods in Physics Research A, 221, 45

Harlaftis E. T., Greiner J., 2004, A&A, 414, L13

Harmon B. A., Finger M. H., Rubin B., Mallozzi R., Paciesas W. S., Wilson R. B., Fishman G. J., Brock M., Meegan C. A., 1992, in C. R. Shrader, N. Gehrels, & B. Dennis ed., NASA Conference Publication Vol. 3137 of NASA Conference Publication, Occultation analysis of BATSE data : Operational aspects. pp 69–75

Harmon B. A., Wilson C. A., Tavani M., Zhang S. N., Rubin B. C., Paciesas W. S., Ford E. C., Kaaret P., 1996, A&AS, 120, C197+

Harmon B. A., Zhang S. N., Wilson C. A., Rubin B. C., Fishman G. J., Paciesas W. S., 1994, in C. E. Fichtel, N. Gehrels, & J. P. Norris ed., American Institute of Physics Conference Series Vol. 304 of American Institute of Physics Conference Series, BATSE observations of transient hard X-ray sources.. pp 210–219

Hirose S., Krolik J. H., Stone J. M., 2006, ApJ, 640, 901

Hjellming R. M., Wade C. M., 1971, Nature, 234, 138

Homan J., Belloni T., 2005, Ap&SS, 300, 107

Homer L., Charles P. A., O'Donoghue D., 1998, MNRAS, 298, 497

Honma F., Kato S., Matsumoto R., 1991, PASJ, 43, 147

Hynes R. I., Steeghs D., Casares J., Charles P. A., O'Brien K., 2003, ApJ, 583, L95

Hynes R. I., Steeghs D., Casares J., Charles P. A., O'Brien K., 2004, ApJ, 609, 317

Ichimaru S., 1977, ApJ, 214, 840

Igumenshchev I. V., Chen X., Abramowicz M. A., 1996, MNRAS, 278, 236

Bibliographie

in't Zand J. J. M., Heise J., Kuulkers E., Bazzano A., Cocchi M., Ubertini P., 1999, A&A, 347, 891

Jean P., Vedrenne G., Roques J. P., Schönfelder V., Teegarden B. J., von Kienlin A., Knödlseder J., Wunderer C., Skinner G. K., Weidenspointner G., 2003, A&A, 411, L107

Jensen P. L., Clausen K., Cassi C., Ravera F., Janin G., Winkler C., Much R., 2003, A&A, 411, L7

Johnson W. N., Kurfess J. D., Purcell W. R., Matz S. M., Ulmer M. P., Strickman M. S., Murphy R. J., Grabelsky D. A., Kinzer R. L., Share G. H., Cameron R. A., Kroeger R. A., Maisack M., Jung G. V., Jensen C. M., Clayton D. D., Leising M. D., Grove J. E., Dyer C. S., 1993, A&AS, 97, 21

Joinet A., Jourdain E., Malzac J., Roques J. P., Corbel S., Rodriguez J., Kalemci E., 2007, ApJ, 657, 400

Jourdain E., Roques J. P., 1994, ApJ, 426, L11

Jourdain E., Roques J. P., 2009, ApJ, 704, 17

Kato S., Fukue J., Mineshige S., eds, 1998, Black-hole accretion disks

King A. R., Kolb U., Burderi L., 1996, ApJ, 464, L127+

Klein-Wolt M., Fender R. P., Pooley G. G., Belloni T., Migliari S., Morgan E. H., van der Klis M., 2002, MNRAS, 331, 745

Kristian J., Brucato R., Visvanathan N., Lanning H., Sandage A., 1971, ApJ, 168, L91+

Laurent P., Titarchuk L., 1999, ApJ, 511, 289

Leleux P., Albernhe F., Borrel V., Cordier B., Coszach R., Crespin S., Denis J. M., Duhamel P., Frabel P., Galster W., Graulich J., Jean P., 2003, A&A, 411, L85

Lewin W. H. G., van Paradijs J., van der Klis M., 1988, Space Sci. Rev., 46, 273

Li H., Miller J. A., 1997, ApJ, 478, L67+

Liang E. P. T., Price R. H., 1977, ApJ, 218, 247

Lightman A. P., Shapiro S. L., 1975, ApJ, 198, L73

Ling J. C., Wheaton W. A., Wallyn P., Mahoney W. A., Paciesas W. S., Harmon B. A., Fishman G. J., Zhang S. N., Hua X. M., 1997, ApJ, 484, 375

Liu Q. Z., van Paradijs J., van den Heuvel E. P. J., 2006, A&A, 455, 1165

Liu Q. Z., van Paradijs J., van den Heuvel E. P. J., 2007, A&A, 469, 807

Lund N., Budtz-Jørgensen C., Westergaard N. J., Brandt S., Rasmussen I. L., Hornstrup A., Oxborrow C. A., Chenevez J., Jensen P. A., Laursen S., 2003, A&A, 411, L231

Magdziarz P., Zdziarski A. A., 1995, MNRAS, 273, 837

Makino F., 1988, IAU Circ., 4653, 2

Malzac J., Belmont R., 2009, MNRAS, 392, 570

Malzac J., Beloborodov A. M., Poutanen J., 2001, MNRAS, 326, 417

Marcowith A., Kirk J. G., 1999, A&A, 347, 391

Markert T. H., Canizares C. R., Clark G. W., Lewin W. H. G., Schnopper H. W., Sprott G. F., 1973, ApJ, 184, L67+

Markoff S., 2010, in T. Belloni ed., Lecture Notes in Physics, Berlin Springer Verlag Vol. 794 of Lecture Notes in Physics, Berlin Springer Verlag, From Multiwavelength to Mass Scaling : Accretion and Ejection in Microquasars and AGN. pp 143–+

Markoff S., Falcke H., Fender R., 2001, A&A, 372, L25

Mas-Hesse J. M., Giménez A., Culhane J. L., Jamar C., McBreen B., Torra J., Hudec R., Fabregat J., Meurs E., Swings J. P., Alcacera M. A., Balado A., 2003, A&A, 411, L261

McClintock J. E., Remillard R. A., 2003, ArXiv Astrophysics e-prints

McConnell M. L., Ryan J. M., Collmar W., Schönfelder V., Steinle H., Strong A. W., Bloemen H., Hermsen W., Kuiper L., Bennett K., Phlips B. F., Ling J. C., 2000, ApJ, 543, 928

McConnell M. L., Zdziarski A. A., Bennett K., Bloemen H., Collmar W., Hermsen W., Kuiper L., Paciesas W., Phlips B. F., Poutanen J., Ryan J. M., Schönfelder V., Steinle H., Strong A. W., 2002, ApJ, 572, 984

Meier D. L., 2005, Ap&SS, 300, 55

Merloni A., 2003, MNRAS, 341, 1051

Merloni A., Nayakshin S., 2006, MNRAS, 372, 728

Miller J. M., Fabian A. C., Reynolds C. S., Nowak M. A., Homan J., Freyberg M. J., Ehle M., Belloni T., Wijnands R., van der Klis M., Charles P. A., Lewin W. H. G., 2004, ApJ, 606, L131

Miller J. M., Raymond J., Fabian A. C., Homan J., Nowak M. A., Wijnands R., van der Klis M., Belloni T., Tomsick J. A., Smith D. M., Charles P. A., Lewin W. H. G., 2004, ApJ, 601, 450

Miller K. A., Stone J. M., 2000, ApJ, 534, 398

Mirabel I. F., Rodríguez L. F., 1994, Nature, 371, 46

Mitsuda K., Inoue H., Koyama K., Makishima K., Matsuoka M., Ogawara Y., Suzuki K., Tanaka Y., Shibazaki N., Hirano T., 1984, PASJ, 36, 741

Miyamoto S., Kitamoto S., Hayashida K., Egoshi W., 1995, ApJ, 442, L13

Motch C., Barret D., Pietsch W., Hasinger G., Giraud E., 1994, IAU Circ., 6101, 1

Motta S., Belloni T., Homan J., 2009, ArXiv e-prints

Motta S., Muñoz-Darias T., Belloni T., 2010, MNRAS, 408, 1796

Muno M. P., Morgan E. H., Remillard R. A., 1999, ApJ, 527, 321

Narayan R., Barret D., McClintock J. E., 1997, ApJ, 482, 448

Bibliographie

Narayan R., Yi I., 1994, ApJ, 428, L13

Narayan R., Yi I., 1995, ApJ, 452, 710

Niedzwiecki A., Zdziarski A. A., 2006, MNRAS, 365, 606

Oda M., Gorenstein P., Gursky H., Kellogg E., Schreier E., Tananbaum H., Giacconi R., 1971, ApJ, 166, L1+

Oppenheimer J. R., Volkoff G. M., 1939, Phys. Rev., 55, 374

Paciesas W. S., Briggs M. S., Harmon B. A., Wilson R. B., Finger M. H., 1992, IAU Circ., 5580, 1

Paul P., Bouchet L., Roques J., 2001, in S. Ritz, N. Gehrels, & C. R. Shrader ed., Gamma 2001: Gamma-Ray Astrophysics Vol. 587 of American Institute of Physics Conference Series, First results on SPI/INTEGRAL flight-model gamma-camera calibration. pp 836–840

Petry D., Beckmann V., Halloin H., Strong A., 2009, A&A, 507, 549

Phlips B. F., Jung G. V., Leising M. D., Grove J. E., Johnson W. N., Kinzer R. L., Kroeger R. A., Kurfess J. D., Strickman M. S., Grabelsky D. A., Matz S. M., Purcell W. R., Ulmer M. P., McNaron-Brown K., 1996, ApJ, 465, 907

Piraino S., Santangelo A., di Salvo T., Kaaret P., Horns D., Iaria R., Burderi L., 2007, A&A, 471, L17

Piran T., 1978, ApJ, 221, 652

Pooley G. G., Fender R. P., 1997, MNRAS, 292, 925

Poutanen J., Svensson R., 1996, ApJ, 470, 249

Pringle J. E., 1976, MNRAS, 177, 65

Proctor R. J., Skinner G. K., Willmore A. P., 1979, MNRAS, 187, 633

Rees M. J., Begelman M. C., Blandford R. D., Phinney E. S., 1982, Nature, 295, 17 Reig P., Belloni T., van der Klis M., 2003, A&A, 412, 229

Reis R. C., Fabian A. C., Ross R. R., Miniutti G., Miller J. M., Reynolds C., 2008, MNRAS, 387, 1489

Rodriguez J., Shaw S. E., Hannikainen D. C., Belloni T., Corbel S., Cadolle Bel M., Chenevez J., Prat L., Kretschmar P., Lehto H. J., Mirabel I. F., Paizis A., Pooley G., Tagger M., Varnière P., Cabanac C., Vilhu O., 2008, ApJ, 675, 1449

Roques J. P., Bouchet L., Jourdain E., Mandrou P., Goldwurm A., Ballet J., Claret A., Lebrun F., Finoguenov A., Churazov E., Gilfanov M., Sunyaev R., Novikov B., Chulkov I., Kuleshova N., Tserenin I., 1994, ApJS, 92, 451

Ruffini R., Wheeler J. A., 1971, Physics Today, 24, 30

Salotti L., Ballet J., Cordier B., Lambert A., Bonazzola S., Mereghetti S., Mandrou P., Roques J. P., Sunyaev R., Gilfanov M., Churazov E., Chulkov I., Kuznetsov A., Dyachkov A., Khavenson N., Novikov B., 1992, A&A, 253, 145

Shahbaz T., Fender R., Charles P. A., 2001, A&A, 376, L17

Shakura N. I., Sunyaev R. A., 1973, A&A, 24, 337

Shapiro S. L., Lightman A. P., Eardley D. M., 1976, ApJ, 204, 187

Shapiro S. L., Teukolsky S. A., 1983, Black holes, white dwarfs, and neutron stars: The physics of compact objects

Shipman H. L., 1975, Astrophys. Lett., 16, 9

Shklovsky I. S., 1967, ApJ, 148, L1

Skinner G., Connell P., 2003, A&A, 411, L123

Smith D. A., 1998, IAU Circ., 7008, 1

Spitkovsky A., 2008, ApJ, 682, L5

Stella L., 1988, Mem. Soc. Astron. Italiana, 59, 185

Stella L., Rosner R., 1984, ApJ, 277, 312

Stepney S., Guilbert P. W., 1983, MNRAS, 204, 1269

Strickman M., Skibo J., Purcell W., Barret D., Motch C., 1996, A&AS, 120, C217+

Strohmayer T., Bildsten L., 2006, New views of thermonuclear bursts. pp 113–156

Sturner S. J., Shrader C. R., 2008, in Proceedings of the 7th INTEGRAL Workshop The Hard X-Ray Emission from Scorpius X-1 as Seen by INTEGRAL

Sturner S. J., Shrader C. R., Weidenspointner G., Teegarden B. J., Attié D., Cordier B., Diehl R., Ferguson C., Jean P., von Kienlin A., 2003, A&A, 411, L81

Sunyaev R., Revnivtsev M., 2000, A&A, 358, 617

Sunyaev R. A., Titarchuk L. G., 1980, A&A, 86, 121

Szuszkiewicz E., Miller J. C., 2001, MNRAS, 328, 36

Tanaka Y., 1989, in J. Hunt & B. Battrick ed., Two Topics in X-Ray Astronomy, Volume 1 : X Ray Binaries. Volume 2: AGN and the X-Ray Background Vol. 296 of ESA Special Publication, Black holes in X-ray binaries: X-ray properties of the galactic black hole candidates. pp 3–13

Tanaka Y., Lewin W. H. G., 1995, in W. H. G. Lewin, J. van Paradijs, & E. P. J. van den Heuvel ed., X-ray binaries, p. 126 - 174 Black hole binaries.. pp 126–174

Thompson T. W. J., Galloway D. K., Rothschild R. E., Homer L., 2008, ApJ, 681, 506

Thompson T. W. J., Rothschild R. E., Tomsick J. A., Marshall H. L., 2005, ApJ, 634, 1261

Thorne K. S., Price R. H., 1975, ApJ, 195, L101

Titarchuk L., 1994, ApJ, 434, 570

Bibliographie

Ubertini P., Bazzano A., Cocchi M., Natalucci L., Heise J., Jager R., in't Zand J., Muller J. M., Smith M., Celidonio G., Coletta A., Ricci R., Giommi P., Ricci D., Capalbi M., Menna M. T., Rebecchi S., 1997, IAU Circ., 6611, 1

Ubertini P., Bazzano A., Cocchi M., Natalucci L., Heise J., Muller J. M., in't Zand J. J. M., 1999, ApJ, 514, L27

Ubertini P., Lebrun F., Di Cocco G., Bazzano A., Bird A. J., Broenstad K., Goldwurm A., La Rosa G., Labanti C., Laurent P., Mirabel I. F., Quadrini E. M., 2003, A&A, 411, L131

Ueda Y., Ishioka R., Sekiguchi K., Ribo M., Rodriguez J., Chaty S., Greiner J., Sala G., Fuchs Y., 2006, in VI Microquasar Workshop: Microquasars and Beyond - The 2005 October Multi-wavelength Campaign of GRS 1915+105

van der Klis M., 1989, ARA&A, 27, 517

van der Klis M., 1994, ApJS, 92, 511

van der Klis M., 2004, ArXiv Astrophysics e-prints van Paradijs J., 1996, ApJ, 464, L139+

Vedrenne G., Roques J., Schönfelder V., Mandrou P., Lichti G. G., von Kienlin A., Cordier B., Schanne S., Knödlseder J., Skinner G., Jean P., Sanchez F., Caraveo P., Teegarden B., von Ballmoos P., 2003, A&A, 411, L63

Vikhlinin A., Churazov E., Gilfanov M., Sunyaev R., Dyachkov A., Khavenson N., Kremnev R., Sukhanov K., Ballet J., Laurent P., Salotti L., Claret A., Olive J. F., Denis M., Mandrou P., Roques J. P., 1994, ApJ, 424, 395

von Ballmoos P., Halloin H., Evrard J., Skinner G., Abrosimov N., Alvarez J., Bastie P., Hamelin B., Hernanz M., Jean P., Knödlseder J., Smither B., 2005, Experimental Astronomy, 20, 253

Webb G. M., Drury L. O., Biermann P., 1984, A&A, 137, 185

Webster B. L., Murdin P., 1972, Nature, 235, 37

White N. E., Stella L., Parmar A. N., 1988, ApJ, 324, 363

Winkler C., Courvoisier T., Di Cocco G., Gehrels N., Giménez A., Grebenev S., Hermsen W., Mas-Hesse J. M., Lebrun F., Lund N., Palumbo G. G. C., Paul J., Roques J., 2003, A&A, 411, L1

Yoshida K., Mitsuda K., Ebisawa K., Ueda Y., Fujimoto R., Yaqoob T., Done C., 1993, PASJ, 45, 605

Yuan F., 2001, MNRAS, 324, 119

Zdziarski A. A., Gierlinski M., Mikołajewska J., Wardzinski G., Smith D. M., Harmon B. A., Kitamoto S., 2004, MNRAS, 351, 791

Zdziarski A. A., Gierlinski M., Rao A. R., Vadawale S. V., Mikołajewska J., 2005, MNRAS, 360, 825

Zdziarski A. A., Grove J. E., Poutanen J., Rao A. R., Vadawale S. V., 2001, ApJ, 554, L45 Zenitani S., Hoshino M., 2007, ApJ, 670, 702

Zhang S. N., Fishman G. J., Harmon B. A., Paciesas W. S., 1993, Nature, 366, 245

www.ingramcontent.com/pod-product-compliance
Lightning Source LLC
Chambersburg PA
CBHW021044210326
41598CB00016B/1100